光尘
LUXOPUS

人生只有一件事

金惟纯 著

图书在版编目（CIP）数据

人生只有一件事 / 金惟纯著 . -- 北京 : 中信出版社, 2021.5（2025.5重印）
ISBN 978-7-5217-2824-8

Ⅰ. ①人… Ⅱ. ①金… Ⅲ. ①幸福－通俗读物 Ⅳ. ① B82-49

中国版本图书馆 CIP 数据核字 (2021) 第 033000 号

人生只有一件事

著　　者：金惟纯
出版发行：中信出版集团股份有限公司
　　　　　（北京市朝阳区东三环北路 27 号嘉铭中心　邮编　100020）
承 印 者：三河市中晟雅豪印务有限公司

开　　本：880mm×1230mm　1/32　　印　张：8.75　　字　数：180 千字
版　　次：2021 年 5 月第 1 版　　　　印　次：2025 年 5 月第 66 次印刷
书　　号：ISBN 978-7-5217-2824-8
定　　价：59.00 元

版权所有·侵权必究
如有印刷、装订问题，本公司负责调换。
服务热线：400-600-8099
投稿邮箱：author@citicpub.com

目录

XI　自序　学怎么活

第一部分　从『我』开始学

第 1 章　看见我自己

004　"看不见"自己
006　不能"做小事"
008　被宠坏的中年男人
010　祸由"想"出
012　骨子里的傲慢
014　自我感觉良好
016　早就跟你说过了
018　活颠倒了
020　接受自己
022　生活需要"空"和"闲"
024　君君臣臣，才能幸福

第 2 章　可以不一样

- 028　"半成品"人生
- 030　人生只有一件事
- 032　放下评判心
- 034　"叫停"的机制
- 036　"爱自己"的方式
- 038　"选择"焦虑
- 040　从小事做起
- 042　别错过百花齐放

第 3 章　转动的心念

- 046　揪出"不愿意"
- 048　修"愿意"
- 050　"执念"即地狱
- 052　管好"念头"
- 054　找回"真心"
- 056　逆境的三句"咒语"
- 058　决定要快乐
- 060　人生总是"不得不"
- 062　好为人师
- 064　人人都该改个性

第二部分 更好的自己

第 4 章　自我的突破

070　开窍之路
072　如何"放下"
074　"怕麻烦"才麻烦
076　太多"我认为"
078　自己最厉害
080　为学日益，为道日损
082　先"搞定自己"
084　自我评分降为零
086　在跟随中突破
088　自我了解的镜子
090　"认错"必修课
092　豁出去

第 5 章　高效能人生

096　"听话"的效能
098　解忧之法
100　被动人生未必不好
102　认真求人
104　一切都是最好的安排
106　感谢的力量

108　努力无极限
110　站在巨人的肩膀上
112　一百万分的人生

第 6 章　还在学活好

116　学"不讲道理"
118　学"感同身受"
120　学"面对脾气"
122　学"说对不起"
124　学"听话"
126　学"说话"
128　学"赞美"
130　学"感恩"
132　学"信任"
134　学"助人"
136　学"不计较"
138　学"记名字"

第三部分 修炼的智慧

第 7 章 家庭的修炼

- 144　善根
- 146　母亲的"苦肉计"
- 148　"贵人"正解
- 150　怎样教出好孩子
- 152　事事关心而不担心
- 154　童蒙养正
- 156　从"家族业力"中解脱
- 158　成为你的样子
- 160　从进食顺序开始
- 162　"父母难为"的根源
- 164　尽孝即"进化"

第 8 章 职场的修炼

- 168　甘愿受,欢喜做
- 170　心真则事实,愿广则行深
- 172　离苦得乐的药方
- 174　像孩子一样
- 176　培养洞察力
- 178　任性无解,觉性突破

180　以假修真（一）
182　以假修真（二）
184　"恢复正常"就对了
186　把自己捐出去
188　人生实业家
190　"五随"人生观

第 9 章　领导的修炼

194　对"人"就不累
196　"活在当下"就不忙
198　事上练心
200　开发内在，更有力量
202　归零即突破
204　都是我的错
206　反求诸己
208　领导者的考验
210　以空间换时间
212　给人空间
214　用愿意换愿意
216　带出"愿意"的团队

第 10 章　企业的修炼

220　企业的"刚需"
222　企业文化是头等大事
224　压力来自业力
226　"创新"是果，不是因
228　赚到"做"
230　用脑太多，用心太少
232　把公司卖给巴菲特
234　传承之道
236　向禅宗五祖学"交班"
238　摆地摊，跑江湖
240　玩真的，一定成
242　"真"有效能
244　最高效能的学习
246　"喜欢"的威力
248　企业要修"简单"
250　成功恐惧症候群
252　追求极致价值
254　组织的"秘密"

257　后记　重返童年

圣人之道，吾性自足，向之求理于事物者误也。

——《王阳明年谱》

自序

学怎么活

本书完整呈现了我过去十年"学怎么活"的心路历程。

先交代一下缘起。大约十几年前，我进入了世俗定义的"人生巅峰"和"超级舒适圈"。当时的我，事业顺遂，交游广阔，家中无事，生活悠闲。随兴所至，常骑着自己养的马驰骋大地，驾滑翔机御风而行，着潜水装和鱼群共舞。

这样的日子过了几年，表面春风得意，内心却日渐空虚。我开始问自己："生而为人，我到底是来做什么的？"带着这个问题，我遍搜典籍，请教高人，折腾了几年，最后终于浮现出一句话："我是来学怎么活的！"在这句话变得不容忽视后，我终于下定决心，放下自己创办的事业，走上一条不同的人生道路。

这十年，前七年我主要在做义工，从业余做到全职，从中国台湾做到全世界，从刷马桶、拖地板到开山种树，从当服务学员到当讲师，无所不做。最近三年，我开办了自己的"学怎么活"相关课程，分享人生心得，与有缘人一起同行。这本书，就是这十年一路走来的"心灵日记"。

大家一定很好奇，学了十年"怎么活"，我如今到底活成什么样了？我觉得最能代表我此刻生命状态的，莫过于下面这则小故事。

一只小蚂蚁在沙漠里赶路，遇到一位师父。师父问他："为何匆匆？"小蚂蚁说："我要去朝圣。"师父哈哈大笑说："圣城那么远，你走得这么慢，生命又这么短，怎么可能到圣城？"小蚂蚁说："没关系，只要能死在朝圣的路上，我就无比幸福！"

的确，小蚂蚁不知道圣城有多远、能不能走到、到了以后会怎样……但为什么还坚持要去朝圣呢？我认为，答案可能只有一个：因为它现在已经很幸福，自从走上这条路，就越来越幸福！

这就是此时此刻的我。

现在的我，和过去有什么不同？这么说吧，如果有人问我："假设人生可以重来，你想回到什么时候？"过去的我，会认真考虑，要回到二十几岁还是三十几岁；现在的我，无须考虑便能斩钉截铁地回答：无须重来，此时此刻，就是人生最好的时光！

此时此刻的我，真有这么好吗？当然未必。头发自然稀疏许多，体能也无法与过去相比；生活及个性上，有不少毛病依然存在；在各种关系上，仍然不能让人满意；按照一般社会标准，言行的瑕疵还有很多（这些都有许多人证），甚至我仍对自己不甚满意。

那又为什么说：此时此刻，就是人生最好的时光呢？主要是因为，我如今更能接受自己，接受别人，接受发生的一切。因为接受，所以自在、臣服，因而感恩、乐于分享和付出，并在其中不断超越自我，看到了许多不一样的人生风景……这一切，让我的生命变得有意义并让我感到幸福，这是过去所不曾有的。所以，我才会像朝圣的小蚂蚁，笃定地走在这条路上，无怨无悔。"我是谁？"这个问题的答案不需要问，是全然活过了，自然就知道。

过去十年，我在这条路上看见无数前人的足迹，因此知道，这条路是为所有人准备的；一路上我也看到自己改变的痕迹，因此相信，这条路是每个人都不该错过的。既然像我这样顽劣的人，仍因有缘走上这条路而感到幸福，我相信大家都可以。

走上这条路，也引导我的人生来到转折点：如今的我，在命运的安排下，成为一个分享人生的老师。正如年轻时投身媒体，后来创业成为经营者一样，这次我变成了老师。在我看来，这些都是人生的偶然、自然和必然。我还记得自己真正成为老师的那一刻：大约三年前，看到学员在课程中的变化，听到学员分享转变的心路历程，有那么一个时刻，我清晰地感受到内在的声音告诉自己，这就是我此后人生唯一要做的事情！那一刻，我真正成了一名老师。

如今我每天在做的事，就是陪伴和见证别人生命的转变，并且让自己同步前进。尝过这种人间至乐，就不会再想做别的事了。无怪乎孔夫子说："发愤忘食，乐以忘忧，不知老之将至云尔。"（《论语·述而篇》）我如今完全理解他在说什么。

有必要提醒一下：走上这条路，大家不必像我一样，非要换一个领域或换一种角色。这些都不是重点，真正的重点，是换个角度，换一种态度，换一个新的自己。无论你处于人生的什么阶段，无论你从事哪种行业，只要愿意，就可以直接上路，而且越早越好。不要像我，走了那么多弯路，一大把年纪才上路。在当今的时代，独自走这条路不容易，结伴同行，当然更幸福！

　　本书的出版，要感谢的人太多了。只能说，感谢我此生有缘相见的每一个人，你们若不是滋养了我，就一定是启发了我，这当中当然包括正在读这本书、即将改变的你！感恩！

第一部分 从『我』开始学

——原来我是一个不愿意看见自己的人,照镜子不顺眼,还想改镜子呢。

第一章 **看见我自己**

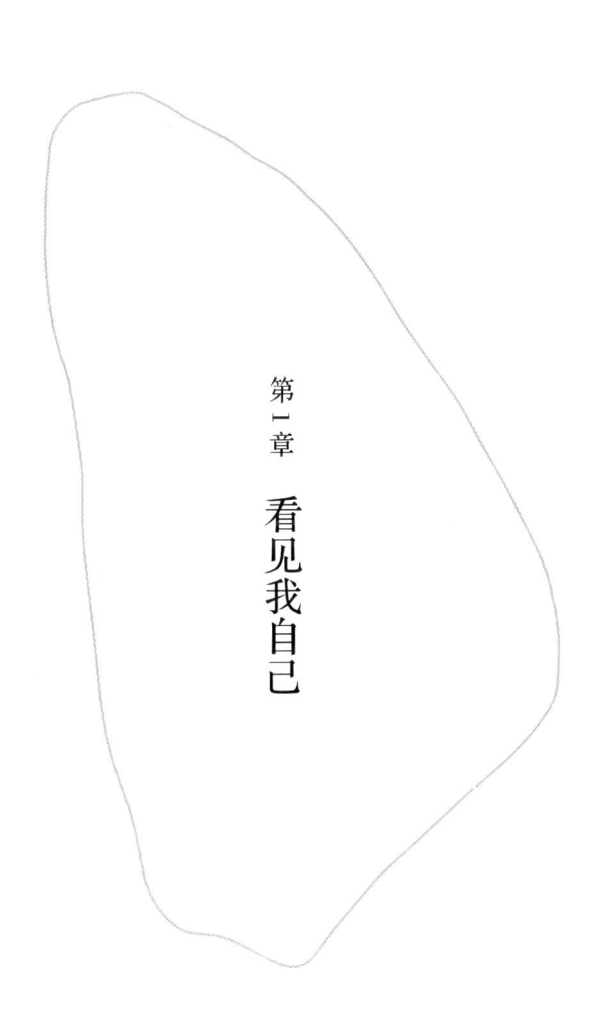

"看不见"自己

可能有不少人和我一样,感觉"外面人"和"家里人"对自己的看法不太一样。最近我突然想,到底外面的我还是家里的我,才是真正的我呢?

过去我是这么认为的:家里的人不太了解我,他们不知道我有多大能耐,有多受尊重,有多少非等闲之辈常常"请教"于我……而家里的人居然不听我说的话,对我的态度也不逊,不仅不向我请教,还常"指教"我,简直完全忽视了拥有我这样的"家人"的重点,当然受损失的是他们。

直到最近我才看到,在外面的我,其实不够真实,也不够全面。出门在外与人交往,常带着目的,不是别人有目的,就是自己有目的,只要任何一方有目的,彼此的交往就难免失真。就算双方都没目的,单纯交往,但毕竟人生交集浅,彼此承担不深,因此显露出的自己必不全面。

看清楚了在外面的我不是真正的我,在家里的我才是,我恍若大梦初醒,犹如庄周梦蝶,吓出一身冷汗。原来自己一直认同的只是个不全面的"假我",家人眼中的"真我",自己却看不见,也不承认。我还想起,曾经一度觉得出差时住的酒店浴室灯光设计得好,照起镜子来比较顺眼,心情也愉悦,回家就觉得看镜子里的自己有点"失真",想请设计师来改一改呢。原来我是一个不愿意看见自己的人,照镜子不顺眼,还想改镜子呢。

我还想到，自己有时与人相交，深感心领神会，颇有知音难得的感受，是不是其实只是对方认同我而已？有些人我讲话他听不懂，让我觉得他不了解我，其实也只是他不认同我而已？把认同误当了解，把不认同视为误解，因而不断错过看清自己的机会，越活越虚假，误了自己的人生。我小时候觉得父母不了解我，上学后觉得老师不了解我，上班后觉得老板不了解我，结婚后觉得太太不了解我，做父亲后觉得孩子不了解我……活到一大把年纪，才发现世上最不了解我的居然就是自己。真是汗颜啊！而这样一个不了解自己的我，其实又哪能真正了解别人呢？

我自从发现自己这个大毛病后，也发现周围不少人和我有类似的毛病。似乎这是一种时代流行病，而且越来越严重，严重到多数人都乐于浅交、怯于亲近，活出一种"远交近攻"的生命状态，到最后干脆只在网上和陌生人交往，不和坐在对面的人说话。这样下去，总有一天，真假人生纠缠交错，没人找得到真正的自己了。有鉴于此，我也才明白，为什么儒家修行讲究由亲及疏，因为"这样才是真的"，不是吗？

不能"做小事"

一位女性企业首席执行官撰文谈到"能大能小"的问题,说有些"男性领导人"管理公司"能大不能小",最后公司发展遇到瓶颈。

我举双手赞成她的看法,而且自动"对号入座",承认自己就是那种"男性领导人"。只可惜我觉悟得太晚,已经时不我与,空留遗憾。

为避免其他"男性领导人"步我后尘,我想在此交代一下我的"不能小"演变史。

其实,我原先不是这样的。我小时候和孔老夫子一样,"吾少也贱,故多能鄙事"(《论语·子罕篇》)。母亲就是我的师父,整天带着我干活儿,凡是她会做的,我也都得会。

青年时代,我甚至还很自觉地"找苦吃",寒暑假打工,偏好干粗活儿,做过汽车厂、建筑工地的杂工,以此磨炼自己,深感自豪。连当兵我都放弃做军官,刻意当二等兵,以体验"被人踩在脚底的感觉",并期许自己铭记在心、永世不忘。

直到合伙创业,熬过了前期的艰辛,公司制度渐入轨道,人才也比较完备了,我才想偷懒过过"好日子"。那时我给自己定了一个原则,只做"非我不可"的事,其他事都尽量让别人做。可想而知,"非我不可"的当然都是大事,不可能是小事。最后的结果是,公司大事越来越少,少到几近于零,我终于落入"无所事事"的境地。最惨的是,"无所事事"之后还不甘寂寞,我总想找些"大事"干干,却发现常常眼高手低,不了了之。

以上就是我"不能小"的演变史。回想起来,那段历史还可分为四个阶段:第一阶段是讲究分工,追求效率,培养人才;第二阶段是受娇宠,小事大家自动不让我做,以至形成依赖,逐渐不会做小事;第三阶段是把所有"小事"视为理所当然,开始不愿面对、不耐烦;第四阶段则是眼中无小事,大事也做不了。

不仅事业,连生活上也是如此。我的"不能小"终于扩展至"全方位":做事高谈阔论,眼高手低,生活处处依赖,几近白痴。为祸之大,罄竹难书:第一,不知民间疾苦;第二,无法真正"和人在一起";第三,因依赖而退化;第四,缺乏感受,决策不精准;第五,创新能力受到限制;第六,容易遇小事就烦躁或逃避,很难"活在当下";第七,最后人生无大事,只剩小事,就不知该怎么活了……再说严重点儿,像我这种"不能小"的领导人,如果再加上好大喜功、不知进退,其为祸就得由整个企业甚至社会一起买单了。

奉劝诸亲友,如果你还有机会做小事,好好享受吧!如果你已无小事可做,想想为什么吧!至于我自己,正在重新学"做小事",期待老之将至时仍"能鄙事"。

被宠坏的中年男人

谈到当今社会现象，很多人都担心把孩子宠坏了。我倒是看到另一种社会现象：被宠坏的中年男人也不少！

这些中年人，一般称为精英阶层，通常聚集于有权、有钱、有影响力的地方，以男人居多，企业界是大本营。

我本人作为被宠坏的中年男人之一，似乎该先交代一下自己的心路历程。

我自幼家境一般，靠读书、学本事踏入社会，倒一直觉得心安理得。直到三十五岁创业，四十五岁开始享受创业的果实，才突然惊觉整个社会体制竟然如此一面倒地对我有利。我只不过在分内的角色上做对了几件事，就不小心分到了"一杯羹"，其中有名、有利、有地位，而且大大超出预期。在这些事刚发生时，我还生出"不劳而获"的惭愧心，了解到自己已身处"既得利益"阶层，有些不好意思；久之，习焉而不察，就逐步蜕变为被宠坏的中年男人了。

在会议上，大家都等着我的指示；在宴会上，总少不了由我发表"高见"；家庭聚会上，包括长辈都配合着我的行程……我想做的事，大家都配合我去做；我不想做的事，没有人能勉强我去做。我渐渐变成总是自认为是对的，即使结果显示我是错的，也没有人会提起。我发现用钱和势可以解决好多问题，凡是可以用钱和势摆平的，都不是问题。我既无求于人，也不必在意别人的看法和感受，即使要帮助别人，也得照我的想法来……这样的事情还可以无限延伸，因为被宠坏的中年男人早已演化出千奇百怪的样态，其中又以企业界为最。

现代社会最主要的特征之一，就是为了社会的发展和成长，鼓励人们发财，发财之后更鼓励人们用钱去交换尽可能多的价值。这样的体制，会在企业里生产出大量被宠坏的中年男人，自不足为奇。

说起被宠坏的中年男人为祸社会，其实大家都很麻木，因为这种体制是大家共同在维护的，付出点代价大家都认了。正如被宠坏的孩子，付出最大代价的其实是被宠坏的当事人。问题是被宠坏的中年男人是很难自我觉察的，因为他们是当权者，不容易听到不同的声音，自我感觉超级良好；他们还擅长打造自己的城堡，只让看得顺眼的人进来；更重要的是，当他们感觉不好时，有太多方法找到疏解的替代品。

自从觉察到自己是"被宠坏的中年男人"后，我一路寻寻觅觅，但直到主动把自己带到适当的环境改造，已经是若干年之后的事情了。这段时间，我从人生停滞的"红海"，启程航向辽阔的"蓝海"，个中滋味，不足与外人道也。我很清楚地看到，被宠坏而不自知，造成生命停滞不前，实在太可惜。

你有没有可能也被宠坏了？如果你很有个性，周围的人都顺着你，如果你经常是对的，错的总是别人；如果你拥有的一切都令人称羡，却感觉内心深处停滞不前；别怀疑，你是被宠坏的高危人群，有必要走出舒适圈，重新学习人生了。

祸由"想"出

之前和女儿间有一段小小的故事发生，让我看到自己的转变，颇有所感。

起因是女儿有一件事要做决定，她和我商量，我为她分析情况后，由她自行决定，结果她并未照我的"暗示"做，事后却跑来问我真正的想法是什么，有没有因她的决定不高兴。

我告诉她，我的确有想法，但我认为自己的想法不重要，因此想完就算了，并没有不高兴，反而她事后愿与我分享她的经历和感受，让我很开心。接下来，父女间有一番人生体悟的长谈，谈到欲罢不能。

事后我突然想到，过去的我不是这样的。发生这种事，结局也不会是这样。

过去的我，一定会很清楚地告诉她我的想法，而且强烈地表达希望她照我的建议做。如果她有不同主张，我会不厌其烦、循循善诱，直到她认同我为止。如果她不照我的意思做，我会觉得尊严受损，甚至失落、难过，产生错综复杂的情绪和想法。这些情绪和想法，如果表达出来，会造成父女间的不开心；如果忍下来，自己会因压抑而不适。

显而易见，同样的事再发生，现在的我一般不会"惹是生非"，对当事人来说，结局也会更清爽、更有意义些。

过去和现在的我，关键的不同并非想法不同，而是对想法的态度不同。我过去很重视自己的想法，很重视别人对自己想法的看法，现在则不太看重。因为一旦重视，就会有情绪，有情绪就容易有反应，接下去就会产生一连串没有必要的连锁反应，结果往往把事情弄得很复杂，产生后遗症，甚至不可收拾。如今我不太重视自己的想法，也发现少了好多事，人生因无谓消耗的减少，变得轻松而有意义多了。

我因此明白，很多经典上所说的"妄想"，并非在说想法是错的，而是指出"想"是没有用的。我看到自己绝大多数的想法都不一定对；即使有小部分是对的，也不一定有用；即使对我有用，也不一定对别人有用；即使这次有用，下次也不一定有用……而对这些几乎无用的想法，自己居然如此执着，还把它们和自己的情绪、尊严、价值绑在一起，因此造了这么多不必要的"业"，真正荒谬至极、可笑至极。

现在的我，明白了"想"之无用、"想"之为祸，但仍然不可能不想，甚至仍难免执着于想。但若能有事后之明，看到"祸由想出"，已属万幸；偶尔在妄想升起时，当下觉知，随即放下，那就真要偷笑，庆幸不已了。

去除妄想，是一条漫长的路，非我辈凡夫一夕可及，但设法看到妄想，不再执着，则是人人皆可为、日日皆应为之事。好处不可思议，我有经验为证！

骨子里的傲慢

曾听一位人生导师说:"傲慢是绝症,因为自己看不见!"当时觉得他说得很对,却不觉得自己是个傲慢的人。

后来渐渐觉察,我才看到自己表面谦虚,只不过是保持风度,内心深处常自觉高人一等,骨子里傲气十足。这里深藏的傲慢,自己看不见,与我关系远的人或许也无感,但可想而知,关系近的人一定深受其苦。

看到了自己的傲慢,当然要设法改正。经过一段时日后,越来越常听到别人夸赞我谦卑,我也自认为真的颇有精进。但日前和一位亲近之人发生的小摩擦,让我看到自己的傲慢根性依然存在。

我决定认真找原因,最后终于看到了自己过去看不到的"人生剧本"。

根源还是和母亲的关系。母亲没受过教育,但对我管教很严厉,因此幼年的我必须时刻揣摩母亲心意过日子,因此练就了察言观色的功夫。成年之后,我常自豪地跟别人说,自己十岁以后,对母亲的了解就超过母亲对我的了解;上大学后,自认见多识广,和母亲相处时,就像我是大人、母亲是孩子一般;等事业有点成就后,我更以哄小孩的方式"孝顺"母亲,直到她过世。

回忆起这一段心路历程,我终于看到自己傲慢的源头:原来对生我、养我、育我、成就我的母亲,我居然凌驾于她之上,还觉得理所当然！连这样的傲慢都看不见，其他的当然就更不用说了。

自从找到傲慢的根源后，我每晚睡前都向母亲忏悔："对不起，母亲。现在我知道了，我的一切都是因你而来。你是长辈，我是晚辈。"这么做以后，我深深地感悟到，母亲不责备我是母亲的肚量；而我凌驾于母亲之上，是不可思议的愚昧无知。

如果不从根源找原因，傲慢的确很容易变成绝症，而且傲慢藏得越深，越难疗愈。像我这样的案例，连对母亲的"孝顺"背后都藏着傲慢心，和其他人的交往、关心、付出，哪有一处不藏着傲慢呢？这傲慢之心，潜藏意识深处数十年，连我这个"当事人"都无知无觉，它真的是"隐身高手"啊！

从我的经验下结论：傲慢真的是绝症，除非你能看见它。看见它，不容易；但只要能看见，就有机会治愈……

自我感觉良好

一位许久不见的企业界老友对我说，他看我的专栏，有时心有戚戚焉，有时却觉得有些过度反省，好像没什么必要。他这番话，又让我"反省"起来。我为什么会变成这个样子？是否真的自我感觉良好，甚至借自省之名沽名钓誉？

过去的我，算是"自我感觉良好"一族。也不是不知反省，只不过反省的结论常是比上不足，比下有余，凑合打个八十分，剩下那二十分，就当作自我犒劳吧，做人何必那么辛苦。

我这样的想法，当然也受环境影响。多年来，我往来的圈子以媒体界和企业界为主，这两个圈子，名、利、权的含金量甚高，当然不乏三头六臂、呼风唤雨之士。大家相互间比的是谁有本事，谁能呼风唤雨，谁会名震四方。攀比之余，当然也有游戏规则要遵守，譬如守法、守理、守信、守义，甚至守时……但除此之外，所谓大德不逾，小节不拘，既能呼啸江湖，岂不快意人生，何必自缚手脚？既然如此，我又做出了点小成绩，有何理由不自我感觉良好，又有什么好反省的呢？

我近年来的改变，是因为换了"圈子"。自从"晋升"为荣誉发行人后，我重启人生学习之旅，投入大量时间做义工。在这个涵盖社会各行各业、各阶层的领域中，我跟着前辈一起做，有机会近身观察，才发现有那么多人做到了那么多我做不到的事。惭愧之心，油然而生，从此一发不可收拾……做得越多，越发现自己差太远，就越惭愧。

我由此理解，人为什么会"自我感觉良好"？原因只有两个：其一，标准太低；其二，觉知太浅。而且通常两者兼具，否则不可能继续"感觉良好"下去。

朋友之所以劝我，可能还有一个误会：他以为我自省如此"过度"，日子一定过得很苦。这个误会太大了，我必须加以说明。

误会的来源可能在于无法区分"内疚"和"惭愧"。内疚是一种头脑的作用，明知不对，却不想面对，因此会带来逃避和压力，自然是苦；惭愧是一种"心"的作用，感受到不足，愿意面对，带来的是动力和解脱，一点也不苦，反而感觉更加良好。

"感觉良好"的，若是"自我"，就是逃避，是画地自限；"感觉良好"的，若是"真我"，就是面对，是海阔天空。一线之隔，天壤之别。

人若发觉"自我"感觉良好，就得马上有警觉：你一定是待在舒适圈太久了，再继续下去，人生一定会荒废的。赶紧带着自己走出来吧！学会放下！

早就跟你说过了

以前这样的场景经常上演：有人说他终于想明白了什么，终于看清楚了什么，终于体悟了该做什么，终于决定了要改变什么……我听着听着忍不住冒出一句话："我早就跟你说过了！"然后，就没有然后了。

我说的是真话。我真的早就跟他们说过了，而且说了不止一次，还换着各种法子苦口婆心地说。现在他们终于明白了，我提醒他们一句"早就跟你说过了"，这有什么不对吗？我说这句话，是表示我们终于"同一国"了，应该接着上演大和解，或举办同乐会才对啊，为什么他们却突然变得怪怪的呢？

后来我终于看到自己说这句话背后的心思，不外乎抢功劳、比高下，乘胜追击，证明自己对，甚至趁机发泄积怨。这句话在别人耳里就变成了：我怎么这么差，到现在才明白；我怎么这么笨，讲那么多次才听懂；现在我终于知道，人家比我厉害了！

当我说这句话的时候，想的都是自己，完全没和别人"在一起"，本质上是在搞权力斗争，没把别人的感受放在心上。这句话很容易浇灭别人的热情，打击别人的自信，剥夺别人的空间，甚至扼杀别人难得生发的改变契机。破坏力简直不可思议！

后来我努力戒掉这句话，却戒得很辛苦。有时候话到嘴边，硬生生吞回去，差一点又犯大错。直到有一天我终于看到，自己想明白的每一个道理，下决心的每一次改变，几乎毫无例外，都是别人"早就跟我说过的"!

有些话,别人跟我说过千百遍;有些话,别人跟我说了数十年,直到有一天,经历了很多事情,接受了很多教训,终于自己想通了,决心改变了,带着欣喜若狂的心情急于和别人分享,结果听到一句"早就跟你说过了",瞬间把人生重大的体悟和转折贬为"迟来的认罪",这有意思吗?

有了这样的反思和体悟,戒掉这句话才开始变容易了。现在我不再说"早就跟你说过了",而改口说"太棒了,我为你高兴",或者说"太好了,我们一起学习",抑或说"太佩服了,我怎么没想到"。可想而知,结果天差地别。

把"对"让给别人,把空间还给别人,不仅对别人有帮助,更有益于彼此的关系,何乐而不为?千万别再说"早就跟你说过了",尤其是对孩子和员工。

活颠倒了

曾听一位大师说,世间只有三件事:自己的事,别人的事,老天的事。当时有些触动,但也不甚了然。直到心中冒出了"当真"和"认真"这四个字时,才开始觉得受用了。

回想过去的自己,活得不怎么样,就因为把"当真"和"认真"弄颠倒了。那种活颠倒的样子,就是拿别人的事和老天的事太当真,面对自己的事却不认真。

所谓"天要下雨,娘要嫁人",都是自己做不了主的事,不能当真,否则就是给别人找麻烦。跟老天过不去,不可能有好下场。

只有能做主的,才算自己的事。天下雨了,你出不出门,打不打伞,干不干活,开不开心,这些才是自己的事。自己的事不认真,就错过了人生的功课,误解了别人的处境,辜负了老天的厚爱,怎么可能圆满?

别人的人生要怎么活?你若认为是自己的事,太当真,结果可能因担心而束缚彼此,或者想掌控而让人窒息,甚至越俎代庖,把别人的功课拿来做,导致别人没机会好好活。这样的当真,叫作"捞过界",乱入别人的人生瞎搅局。

而别人如何对待我们,也是别人的事,不能太当真。把别人对我们的好太当真,就让自己陷入依赖关系,身不由己;如果认为别人对我们不好,而且还当真,则易形成对立,制造无谓的拉扯，浪费彼此的生命，又所为何来？

在各种关系中，只有我如何对待别人，才是自己的事，是能做主的事。无论别人活得好不好，无论别人如何对待我，我都接受、尊重、关心和付出，并把关系中的问题当作功课，拿来修正自己，这些才是该认真的事。

老天的事，更是如此。发生什么事，我们无法决定；如何回应已经发生的事，才是我们能做主的。你去管老天的事，叫作不自量力、庸人自扰，怎么可能有好结果？面对现实，只能接受，只能臣服，然后看看自己还能做什么，这才是自己的事。

不拿别人的事和老天的事当真，是真正的幽默！幽默创造出空间，让人游刃有余，可以自在欣赏人生大戏，同时认真扮演好自己的角色。

有这样的体悟后，每发生一件事，首先要弄清楚：到底是谁的事；然后对老天的事和别人的事保持幽默，不当真；对自己的事，认真对待，莫放过。能这样活，才算没活颠倒，才算对自己的人生负起了责任。

接受自己

我上回谈到，对老天的事和别人的事，不能太当真；对自己的事，应该要认真。但到底要怎么做才算认真？认真要从哪里开始？

回答是：认真，就从"认""真"开始。我们真的是这样，你认还是不认？承认自己真的是这样，就叫作认真，如此而已。

别以为这件事容易，不信你放眼望去，周遭有几人如实承认真正的自己？不信你扪心自问，自己能完全如实地面对真我吗？以我的了解，很少有人做到。这是一门大功课！

圣严法师说过八字箴言：面对，接受，处理，放下。它们清楚地揭示了"认真"的次第。不面对，怎么可能接受？不接受，又将如何处理？不处理，哪有什么放下？一个不面对、不接受自己的人，身、口、意不一，生命力严重耗损，哪有力气认真？

一个做事认真的人，会先做坏的打算，然后尽最大的努力。做最坏的打算，就是彻底的"接受"。一个对生命认真的人，也必然先全然接受真正的自己，否则只算个半吊子，还谈什么认真？

"接受自己"这门功课，我过去一直欠缺。因为前半生一直忙着"证明自己"，没机会看到自己的"不受"。我只是模糊地感觉到，为什么做事不难，做人那么难，尤其是和人"靠太近"时，难上加难。后来才慢慢看到，难的不是别人，是自己。因为没有接受全部的自己，所以和人靠近，就会不自觉地紧绷、不自在。

也难怪做人那么累，因为还在"做"，自然很难"受"。

后来日渐觉察，我才看到凡是别人的"有所不受"，必然在自己身上有对自己的"不受"。只有把别人当成镜子，才会慢慢看到，我居然有那么多对自己的"不受"。其中大部分是幼年时不被别人接受，只能藏起来的自己，后来越藏越深，深到连自己也看不到、认不出，甚至别人指出来，我还拼命否认。

以我的经验，"接受自己"像是在挖矿，挖了一层还有一层，每一层都有伤痛，都需要勇气，也都收获满满、万分值得。这个过程，让我想起《圣经·马太福音》里耶稣的话："你们若不回转，变成小孩子的样式，断不得进天国。"（18∶3）原来，接受自己，是一条觉悟的路。

接受自己，也是一条在世上返璞归真的道路。这条路的尽头，站着一个有赤子之心、充满智慧的人，那就是人"认真"的样子！

生活需要"空"和"闲"

一位好友在屏东陪她的母亲,打电话来调侃我。她问:在寸土寸金的台北家里囤积大量生活用品,是不是很划算?我这个"生活白痴"当然被问倒了,所以由她这个"经济白痴"宣布答案:当然划算。然后她告诉我,这个不可思议的答案是《商业周刊》"经济达人"说的,理由是价格越贵的房子,如果住的人越多,囤的东西越多,"相对价格"就越低。

这说法挺实惠的,立刻就让我想起春节该怎么过的问题。春节的"价格",等于过节人平均日薪乘以假期总天数,当然收入越高者,春节的"价格"越高。如果要降低"相对价格",就应该尽可能多安排些活动,把假期给塞满了最划算。

同样的推理:付很高的学费送子女进贵族学校,子女的学习时数越多,"相对价格"越低;付了高额保险费,看病或修车越多,相对价格越低……

事实上,大多数的现代人或多或少、有意无意都难免这么"算计"过。因为活在一个"经济挂帅"的时代,很容易染上"用大脑计算价格"的惯性。这些惯性的背后,都潜藏着一个"因为……所以……然后"的三段论,看起来很理性、很聪明,用起来却荒诞,把你的人生搞得一团糟。

而且,这些"三段论"仿佛是有机体,它们会自行生长、繁殖,生出一长串"三段论"复合体,然后进行人际串联,结合商业目的，衍化为流行趋势。流行不只是让人盲目，还会造成压力，使不顺从者成为"异类"。

我多年前读过一个小故事，讲的就是这件事：

一个美国中产家庭没钱度假，又怕被人看不起，于是就向所有人宣布他们将前往某地度假，大张旗鼓地出发上路，然后半夜潜回自己家，拉上窗帘，躲在家里吃了一个星期的罐头食品……

这故事够夸张了吧。但在笑之前，你也不妨想想，自己有多少事也是"虽不中，不远矣"（《礼记·大学》）。

现代社会之大病，就在于把"生产"和"消费"这些事当作人生头等大事。到最后，大家不但在"生产力"竞争上身不由己，甚至连"消费"也身不由己。结果大多数人都成了"经济达人"，越来越找不到"生活达人"和"生命达人"了。

如果从"生活"和"生命"的角度来看，让"空间"保持"空"，让"假期"变成"闲"，也许才是最适宜的。而且越"贵"的空间和假期，就越值得这么做。

假期时，无论你在家还是出门，让自己"空"一些、"闲"一些，都绝对划算。如果空闲之余，悟出了什么有关生活或生命的道理，那就等于中了大奖。

君君臣臣，才能幸福

《日本经济新闻》的一篇报道描述日本年薪千万（约人民币60万元）的上班族，日子过得很拮据，对未来也没安全感。其中最引起我注意的是下面这一段：

一位任职于大公司的T先生，某个周日带女儿们去游乐场玩，好不容易快要排到热门游乐设施时，老板电话来了，不能不接，等他打完电话却早已错过玩的时间，女儿从此不再跟他去游乐场。这位为了千万年薪日夜辛勤工作的父亲，因此感慨："这样幸福吗？"

T先生的人生场景，可能让很多人心有戚戚焉。既是上班族又为人父母，为了让家人幸福，战战兢兢捧住饭碗，却因工作忙碌而对家人内疚，利用假日补偿缺席的陪伴，结果竟然难以两全。真是无奈！这篇报道的原意，也是想展现中上层的上班族在社会现实和职场结构下的辛苦。

我却在这则故事里看到三个人：其一，那个在周日打电话给下属的老板，让T先生不敢不接电话，不敢长话短说，不敢等女儿玩过了再详谈，他是个什么样的老板？其二，这位T先生，在假日不敢不接电话，不敢对老板说正在陪女儿玩到关键时刻，不敢说"待会儿再回电话"，又没有能力取得女儿的谅解，他是个什么样的员工和父亲？其三，T先生的女儿（八岁、十二岁和十四岁）为这件事生爸爸的气，从此拒绝和他去游乐场，她们又是些什么样的子女？

总之，同样一则故事，有人在其中看到了结构：不再增长的疲软经济，就业市场的激烈竞争，物价高涨的生活压力，陷入窘境的中产阶层上班族。我却看到了人的生命状态：君（老板）不君，臣（专业经理）不臣，父不父，子不子……

在这则故事里，看结构只能无奈或无解，即便有解，也不操之在我，更不知何年何月才能够得到改善；看到人，却可以一念之间当下圆满。那位老板可以不在假日给下属打电话，可以体察到员工正在陪家人而予以尊重，可以让员工敢说真话，敢表达需求，甚至敢说不。T先生可以更加热爱自己的工作，因而表现更好且更有自信，不必对老板卑躬屈膝；他也可以更用心地做好爸爸，不再抱着内疚和讨好的心态陪伴女儿，或者更用心地和女儿沟通甚至道歉，让"游乐场事件"成为父女共同成长的教材。T先生的女儿，当然也可以体谅父亲工作的辛苦，了解父亲陪伴的心意，理解父亲工作的无奈，做贴心孝顺的好女儿。

故事讲完了，下次当你问自己"这样幸福吗"的时候，你是向社会要答案还是自己找答案？如果你再多问一句："这样别人幸福吗？"当然会更好。

——除了活好，人生哪有别的事？忙别的事，都是庸人自扰。

第 2 章 可以不一样

"半成品"人生

前几日去逛书店,看见一本书,名叫《臣服实验》,二话不说,直接买了。因为"臣服"是我近年来一直在做的功课,但功课好像被卡住了,没有明显进展。得遇知音,自然不想错过。

这本书的作者叫迈克尔·A. 辛格(Michael A. Singer),他二十岁出头时,因为偶然的机缘,开始练习静坐。经历了内在狂喜的体验之后,他成为一个"不正常"的人,他放弃了原本人生的所有目标,一心只想做隐士。他不再有任何世俗追求,同时也不会说"不",想着就这么过一生。

最后的结果是,他"随波逐流"地先做了大学讲师、修行团体导师,其后成为建筑商,最后创办了市值数十亿美元的上市公司,同时也是世界级畅销书作者。而这一切,没有一件是他设定目标、主动追求的,全部"不请自来"。他人生唯一的追求,其实是做一个静心的隐士,这也是他唯一坚持、不曾放弃过的。因此,他定义自己的人生为"臣服实验"。迈克尔·A. 辛格如今七十岁出头,仍然健康快乐地生活着。

迈克尔"臣服实验"的起点,是他通过静心看到自己的念头,而喋喋不休的自我对话则充斥着未经检验的"是非好恶"。这些自我对话和它们勾起的情绪,控制了他的生活和生命,于是他开始练习"接受",放下自我的是非好恶,"让生命做主"。结果"生命"为他带来如此意外的人生,让他心满意足,充满感激。

迈克尔比我大五岁，他分享的人生故事，我读来处处相知相应，像是兄弟对话，却又惭愧万分。因为他让"生命"引导他活出"全然"，而我充其量只算个"半成品"，活出了"半臣服人生"。回顾自己的一生，我在求学的道路上，莫名其妙地文、法、商各念了一科，从来没找过工作（包括创业），却完全被动地成了记者、作者、创业者和人生讲师，迄今仍在"随波逐流"中。我人生的重大决定，从来不是经过慎重考虑、严谨计划、认真追求而来的，一直都是"意外的旅程"。这些方面算是和迈克尔有些相似。

但比起迈克尔，我的"成就"却只能算个半吊子。原因就在于我没有完全臣服，只是"半臣服"而已。我对生命也有信任，敢于随缘而行；但在"接受"的修炼上，直到五十几岁时才真正开始，起步太晚。我在人生经历中曾看到让"生命"做主比"自我"做主结果好太多，却仍未下决心臣服于生命，为德不卒。

迈克尔的故事清楚地说明了人生大道的配方：觉知＋接受＋臣服，三者缺一不可。缺了一个，顶多只能活出"半成品"，不可不慎啊！

人生只有一件事

人生到了一个阶段,开始越来越简单,也更能体会"大道至简"的真义。简单到最后,只剩一件事,就"近乎道"了。这件事也只有两个字:活好!

既然生而为人,当然没道理不好好活。这件事,人尽皆知。但我要说的是:除了"活好",人生没别的事。这就需要解释了。

人生苦乐成败,大约脱不了"关系"二字。在关系中,无论男女老幼、尊卑贵贱,其实只有两个念头。其一,叫作"我想不想跟你在一起";其二,叫作"我想不想和你一样"。如果别人并非"不得不",而是真心地想和你在一起、想和你一样,那么你们彼此的关系应该就"没别的事"了。

举例来说,如果你家的孩子,是发自内心地想和你"在一起",想和你"一样",这样的孩子,应该是不用教的。他每天待在你身边,看你在想什么、说什么、做什么,就偷偷跟着学。他看你往东,他就跟着往东;看你往西,他也跟着往西。这样的孩子,还需要教吗?反之,如果他不想跟你在一起,更不想和你一样,你叫他往东,他偏要往西,原因也很简单,就是他不想和你一样嘛!这样的孩子,是没法教的。难怪德国教育学家福禄培尔说:"教育之道,爱与榜样,除此无他。"

在工作中亦然。如果你的下属都想和你在一起,想和你一样,你就不必"管理"他们了;否则必然大费周章,事倍功半。

在社会上的影响力亦然。如果你周围的人都想和你在一起，想和你一样，影响是自然发生的，不必刻意经营。

世界上影响最大的圣者，诸如孔老夫子、释迦牟尼、耶稣，经过了两千多年，还有数以亿计的人想和他们在一起，想和他们一样。这些人生不逢时，只好从经典中揣摩他们曾经活出的"样子"，想方设法与其活成一样。所以人生的意义，真的不是"想"出来的，只能"活"出来。人生除了活好，真的没有别的事。

一个活好的人，可以通过遇见的每个人、发生的每件事，让自己越活越好，所以发生的都是好事，遇到的都是好人，怎么可能有"分别心"呢？因为越活越好，所以人生当下的每一刻都是最好的时光，最后必能含笑而去。除了活好，人生哪有别的事？忙别的事，都是庸人自扰。

讲了那么多，你难免会问我"活好了没"，我的回答是："还在学！"还在学"怎么活才会好"，活到老，学到老，也真的只有这件事。

放下评判心

久闻大师葛吉夫创作的"神圣舞蹈",是"活在当下"的经典修炼。之前有机会参加一个体验工作坊,颇有收获。这种训练的主要特色,是通过复杂且不协调的舞蹈动作,使学习者处于身心压力下,通过诱发各种情绪,在混乱状况中,超越身体、心智和情绪的各自为政,滥用误用,从中体验"活在当下"。

这种教导,让我想起曾经跟随的一位老师。她带领弟子的方式,就是不断下达永远无法完成的任务,让大家一直处于做不到、做不好、做不完的状态中,无所遁形,没有退路。然后从中观察弟子心性的死角,施以严厉棒喝,看每个人如何在其中找寻各自的超越之道。真可谓"生活版"的舞蹈修炼!

我体验到,自己一旦处于尴尬失能状态,内在情绪立即升起,头脑评判同步浮现,这种评判不是在评判别人,就是在批评自己。负面情绪和头脑评判一旦出现,人就完全疏离于当下,陷入手足无措、进退失据的窘境中,效能低到无以复加。

其中有两个一闪而过的念头,我自己也吓了一大跳。

其一,由于我是最年长的学员,又是少数初体验者之一,可想而知,我的表现当然是班级最后。但我每每看到别的学员做错时,内心居然会闪过"真蠢"的念头。这种在高压慌乱情境中无意识闪过的念头,十分细微,但相当真实,也幼稚到极致——自己明明是全班最蠢的人,居然嫌别人蠢,这真的是我吗?

其二，由于我跟不上进度，记不住动作，只好跟着前面的优等生依样画葫芦，免得被老师揪出来。但模仿的对象偶尔出错时，我脑中居然闪过"搞什么鬼"的念头。想想看，自己完全不会，模仿别人，居然还怨别人偶尔出错，这是什么态度？这真的是我吗？

觉察到自己如此幼稚、低级的下意识反应，真的很难接受。枉费活了一大把年纪，还号称正在精进学习，竟然如此不堪，于是又自我评判起来。可想而知，表现因此就更差了。

在这样一次又一次的觉察中，我完全看到"评判心"是如何的碍事，无论是评判别人还是批评自己。而在无路可走的窘境中，我终于渐渐放下，进入臣服的状态。当完全接受自己，也接受别人，臣服于当下时，我终于放下烦恼、抛开得失，开始"享受"过程了；虽然一切仍不完美，但当下已圆满无碍。

原来，放下评判，臣服于发生的事，就是活在当下！

"叫停"的机制

一位老友跟我分享,前一阵子他和老婆有点小摩擦,他对老婆说:"你刚才那么说,我真的很受伤,现在我很生气,我没办法不生气。请你给我五分钟,让我静一下,只要五分钟,我就回来,保证不再生气。"我朋友能够这样说话,真是令人佩服!

这让我想起,很多运动赛事都有"叫停"机制。当教练看到自己的选手状况不好,再这样下去就要输了,一定会叫停,把选手叫过来,调整好状态再上场比赛。这样的设计,可让有实力的队伍不致因一时失常而失去机会。

其实,在现实生活中,我们每个人都应为自己建立"叫停"机制,也叫作"踩刹车"。每当和别人相处出现状况,尤其是双方都带情绪时,千万不能"踩油门",一定要"踩刹车",让自己有机会把自己"调整好",再重返现场。

我自己也经常这样练习。有时听别人说话,听着听着,发现自己不能认同,甚至有情绪升起,无法保持平静,再这样下去,难免就会和对方"杠"上了。我会和对方说:"对不起,现在我状态不好,建议我们暂停一下,等我把自己调整好,再来听你说话。"有时我和别人说话,说着说着,发现对方脸色不好看,再这样说下去肯定没有好结果,我也会这样做。

"叫停"的时刻,我不仅不说话,也不想任何事。因为我知道,状态不好的时候,一定会越想越生气,不会想出什么好事来,所以不准自己想。这种时候，我会用深呼吸让自己平静下来，和自己的身体在一起，觉察自己的情绪反应在身体的哪个部位，然后把手轻放在那个部位，直到完全放松为止。

这么做，是因为通过检视过去的经历，我发现自己状态好的时候，所想、所说、所做，都效益极好；状态不好的时候，所想、所说、所做，都没什么好结果。所以我知道，人生的效益，与发生什么事关系不大，与自己的状态好不好相关度极高。因此，最重要的是设法保持自己的好状态，万一做不到，至少要设置"止损点"，不能再亏下去，即"知止"！这是一门人生的功课。

不只是个人，企业也应该这么做。不妨设置一种机制，每当开会开到大家针锋相对时，任何人都有权发出一个约定的信号，让会议暂停，要求大家把自己调整好，甚至可以放一段音乐，大家一起静心，整理好集体的能量状态，说一下彼此的心情，再开始讨论问题。我相信若这样做，效能一定大增。"知止"对个人、对组织，都是必备的机制。

"爱自己"的方式

"爱自己"是人生的一门大课，我近日小有心得，愿与大家分享。

过去的我，一直觉得"爱别人"才是人生的功课，无奈这门课如此难学，始终学不好。对某些人，能忍受就不错了，不知从何爱起；对一些人，好像应该并且值得去爱，却爱得没有感觉；对另一些人，很愿意好好去爱，结果却爱得不怎么样。总而言之，爱与不爱间，总难得自在，更别说圆满，最终成了人生一大悬念，于是少碰为妙。

直到几年前，我才了解"爱别人"有困扰，是因为不懂得"爱自己"，没把自己爱到"满溢而出"，所以付出的爱质量不纯，自然不圆满。了解到这点后，我开始把"爱自己"当作一门功课，渐渐看到自己是如此不爱自己、从何时开始不爱自己，以及为什么不爱自己。

如此"看见"后，我很惊讶地发现，周遭竟然充斥着不爱自己的人，很少看见真正懂得爱自己的人。最明显的是那些爱生气的人。生气是非常伤身的情绪，他们竟然容许自己经常陷入其中，无法自拔，真是太不爱自己了。此外还有抱怨、嫉妒、占有、比较，也包括不那么明显的傲慢、伪装、疏离、依赖、冷漠、好强，当然也有时下流行的媚俗和"酷"。这些背后的根源，都出于不爱自己。

一般来说，表面上看起来最自私、以自我为中心的人，其实骨子里是最不爱自己的；还有些人用自尊、自重、自强、自信来掩饰他们不够爱自己；最特别的是自我感觉良好，没事就要"宠自己一下"的人，用溺爱自己来替代真爱自己。看起来，"不爱自己"这件事还真是五花八门、无奇不有。我有时听一些人滔滔不绝，说自己多厉害、多满足、多有爱心，却看到他们脸上写着一个"苦"字，时常吓一大跳。想想自己是不是也如此，还是挺吓人的。

虽然了解"不爱自己"是人世间很多问题的根源，但在"爱自己"这门功课的学习上，仍是漫漫长路，一不小心，就拿冒牌货当真，掉进不自觉的陷阱里，半天出不来。

直到近日，我才终于悟到："爱自己"不是念头，而是结果。它是一个人用全然的觉知和愿意去经历人生的酸甜苦辣后必然出现的一种状态。我由此发展出一条简单的准则：自己面对每件事的行为，如果能让自己更满意，更喜欢自己，就表示做对了，否则就做错了。通过这样不断地检视和修正，更爱自己，并因此更爱别人，都是必然的结果。

爱别人，来自爱自己；爱自己，来自检视和修正，除此之外，别无他途。

"选择"焦虑

在最近接触的人中，发现陷入焦虑的人越来越多，尤其是对时局的焦虑，更像传染病似的蔓延，老中青三代皆难幸免。

我自己经过多年学习，在为人处世上，自认已经免疫，但对时局的焦虑偶尔仍不能免俗。这种时候，我常想起十余年前一个极具启发意义的场景，受益良多，愿在此分享。

当时我在纽约参加一个大会，现场观众数千人，以美国人为主，主讲的大师年事已高，远道而来。因为旅途劳顿，他患了重感冒，坐在台上不断咳嗽、打喷嚏，看起来身体相当不适，同时还操着不是很流利的英文开讲，但他始终神态自若，自在欢喜，全场莫不为之倾倒。

事后我有机会当面请教，忍不住问："您看起来感冒很严重，又用非母语的英文演讲，面对数千外国听众的大场面，为何仍能泰然自若？"他的回答很简短，却让我终生难忘。他说："我为什么要焦虑？我来此的目的，不是要让人佩服我，而是看我能帮别人什么。我有什么，就全部拿出来，而这是我一定能做到的。有什么理由需要焦虑？"

他的回答，让我重新理解了焦虑的本质。

焦虑是需要理由的，如果没有理由，人不可能焦虑。

焦虑的来源，与面对什么处境无关，只与自己的想法有关。

如果你不在意别人怎么看你，不想控制事情该如何发生，就没有理由焦虑。

当一个人专注于自己的清晰意图，全力以赴行动时，焦虑毫无存在的空间。

这件事开启了我对焦虑的修炼。每当觉察到自己处于焦虑状态时，我先与身体连接，检视身体的哪个部位不适或者紧绷，然后通过呼吸静心，直到内心平静、身体放松为止。

确认自己处于平静状态后，再回想焦虑升起的当时，我怎么了？在想什么？害怕什么？想控制什么？清楚焦虑的内在源头后，最后检视引发焦虑的外在因素，日后或可敬而远之，或可提高警觉面对之。

焦虑的产生，到底始于内在还是外在，这个问题犹如鸡生蛋、蛋生鸡，曾经困扰着我。我如今可以明确地说，内在状态失去觉知、信任和慈悲心，才是产生焦虑真正的源头。

一切外在发生的事，都不过是触媒和投射。个人如此，群体也如此。

譬如，因时局混乱而产生的焦虑，必定是先有集体焦虑的社会心理，然后诱发引起焦虑的公众事件，从而引起更多的焦虑，形成恶性循环，愈演愈烈。对治的方法只有两个：行动或放下，别无他法。如果两者都做不到，就是你自己选择了焦虑，跟别人一点关系都没有。

从小事做起

少年时代，读到孙中山先生说过的一句话："立志做大事，不做大官！"我十分佩服，也立志要做大事。既立此志，我的处世原则自然发展为"大节不亏，小节不拘"。后来，虽然没做成什么大事，却变成一个十足不拘小节的人，也觉得没什么不好。

最近听到一位朋友的小故事，却让我猛然惊醒。我这位朋友是个名医，全力投身工作，疏于照顾家庭，夫妻感情一般。但日前通过学习，他决心改善夫妻关系，却不知从何着手。后来他想起过去老婆常抱怨他在家脱了袜子到处乱丢，他屡劝不改，数十年如一日。因为他自认工作忙碌，赚钱养家，又没什么不良嗜好，只不过在家乱丢臭袜子，老婆就唠叨他，简直太不体贴。但他上过课后决心改正，开始把脱下的袜子丢进洗衣篓。没想到，这么做了一段时间后，他老婆不但注意到，而且甚为惊讶、欣赏，夫妻关系也开始日渐好转。

这位朋友说完故事后，他还是不理解，为什么他老婆眼中看不见大事，只在乎小事？我对他说："你老婆没冤枉你，因为你乱丢袜子背后的念头，就是觉得自己很大、别人很小。你这么大、她那么小，人家很难平起平坐和你做夫妻，所以才和你过不去。"

听我讲得头头是道，我朋友频频点头。讲完了，我突然想到，我这"做大事的人"，一大堆不拘的"小节"背后，是不是也都藏着一点也不"小"的念头？

检视一番之后，答案再清楚不过：原来自己每一个不拘的小节，背后都深藏着一堆念头。这些念头五花八门，但归结起来不外乎这几点：我自认为是谁？我眼中的别人是谁？我为别人承担了哪些事？哪些事别人该为我承受？

我还看到，原来表面上随兴的不拘小节，背后却有一把斤斤计较的尺，甚至是一根指挥棒，在发号施令让每一个人该做什么事、该认什么命。而这把尺、这根指挥棒，连自己都看不到，当然更不必经过别人同意了。

我进一步推敲，自己是如何判别何为大事、何为小事的，我发现只有"能证明自己很厉害的""能用来交换更多的"才是大事，其余都是小事。

原来，自己所谓的"做大事"，不过是自我膨胀的合理化，而且在膨胀自我的过程中利用了别人、贬抑了别人，自己还不认账。那些为"小事"和我过不去的人，完全没冤枉我，因为在每件小事的背后，都有自以为是的"不愿意"。别人其实并非为小事在和我计较，而是在提醒我的自以为是，我却不接受、不感恩。

真正做大事的人，一定是有愿力的；愿力的修炼，就是从每件小事背后的"不愿意"开始的。通过小事，看见自己的"不愿意"，把这些小小的不愿意修炼成愿意，是愿力修炼的关键所在。

我那位医生朋友，从不乱丢袜子开始修炼，结果效果惊人，真是个好例子。大家不妨学学他，找一件一定可以做到的小事，立刻开始行动。

别错过百花齐放

2009年，我下定决心踏上"人生学习"之旅，因为我看到自己和身边的朋友事业有成，人生却不尽兴，更不圆满。经过一段时间的寻寻觅觅，我找到一所"人生学习机构"。我在课程中清楚地看到了自己的人生，在某些领域通过了试学、挑战后，"绽放"过几回，但之后就停止生长，不再开花了。如果把人生比喻成花园，我的人生花园只有几枝独秀，其余则野草蔓生，甚至在阴暗处已蛇蚁横行。

这让我想起了一段经历。我养过一只金毛寻回犬，取名叫皮皮，我把它送到宠物学校受训。教练对我说，皮皮很有天分，适合培养成搜救犬，未来可以做公益。我觉得有意义，就同意了。训练几个月后，皮皮放假回家，教练千交代万交代，皮皮必须整天关在笼子里，不能和人玩，不能和狗玩，不能这、不能那。每天只能"放风"两次，让它玩一个小皮球（教练用皮球作为训练奖品），每次不能超过五分钟，要让它玩不过瘾，才会一直维持它的渴望和永远不满足。

我了解了教练的"教育原则"后，觉得皮皮真可怜。为了成为一只杰出的搜救犬，它作为一只狗的天性被压抑了百分之九十九，它的一生只剩下了那个皮球，而且永远玩不够。更过分的是，这"狗生目标"还不是它自己选的，是由主人和教练决定的。

我在上课过程中，也看到了自己的命运，好像和皮皮的命运神似。在职场中有成就的人，难免都为了发展某项专长而"形塑"了自己，结果让自己的人生花园一枝独秀，错过了百花齐放的可能。

当然，人不是狗，所以我们可以把那只皮球幻化成千百种面貌，无限延伸，看起来美不胜收。人的成就，可以转化成财富、地位和名声，可以用这些"衍生价值"交换一切你想要的，排除或遮掩一切你所不想面对的。结果，大多数有成就者在自己的周围筑起一道又一道的高墙，挖出一条又一条的护城河，住在自己的城堡里，让所有人适应自己，而自己不用再适应别人。

人用自己一招半式的"独门绝技"走江湖，闯出名号后，就按照自己的意愿建自己的城堡，城堡越大、越坚固，就越安全、越舒适，"堡主"因此就不用再改变自己了。不改变，意味着不再成长，离人生花园百花齐放的境界也就越来越远了。

这就是大多数人间"成就者"的故事，也就是放大版的皮皮"狗生故事"。如果这故事并非你要的人生，那就开始学习吧。

——把这些『不愿意』一个个找出来,修成『愿意』,实为人生一大乐事。

第 3 章 转动的心念

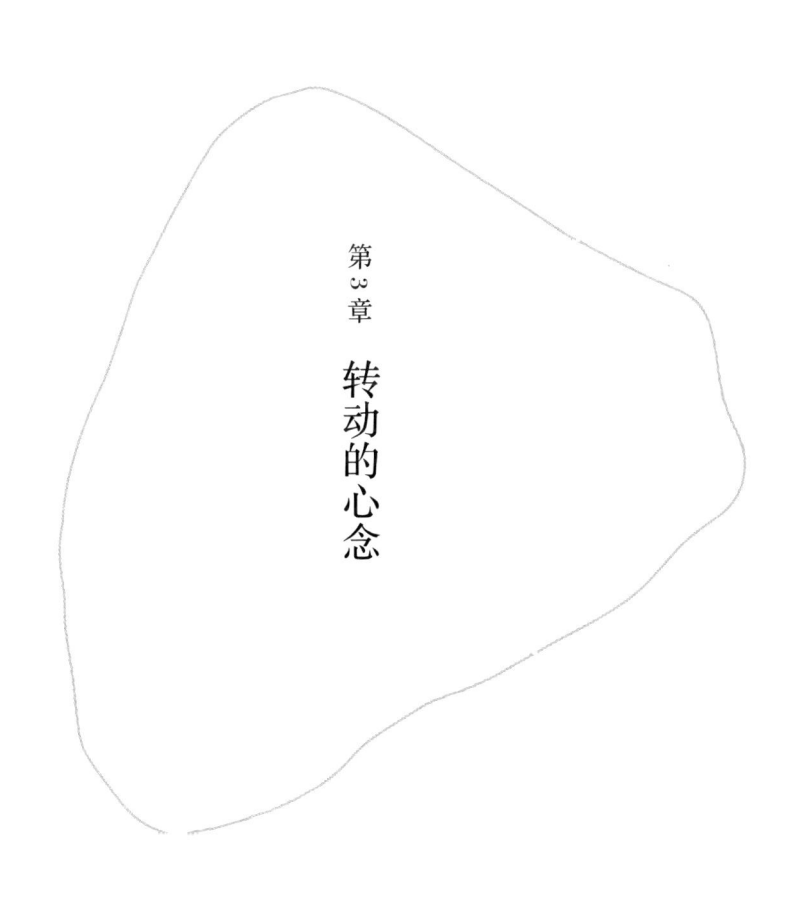

揪出"不愿意"

前阵子在某教育机构做义工,每天都是早起晚睡,夙夜匪懈。熟悉我的朋友都很惊讶,因为我从来就不是一个这么勤奋的人。

还记得十年前,有朋友问我在忙什么,我就耍嘴皮子回答:"偶尔陪伯乐共进晚餐,早起就恕不奉陪了。"伯乐是识千里马的贵人,可以让人飞黄腾达。我这么说是很骄傲的表态,自己不用求人,也无须勉强自己。但说实在话,那时候活得不是很有精神。

但如今,那个为自己不愿早起的我,居然为别人开始早起了。个中滋味,当然一言难尽。如果问我最大的收获是什么,我会毫不犹豫地说,是学到了"愿意"这两个字。

一个为自己都不愿意的人,要愿意为别人,当然是件不容易的事。所以我刚开始做义工时,真是时时遇见自己的不愿意,拉拉扯扯,没完没了。所幸,在义工的环境中,有太多比我愿意千百倍的人,让我半是惭愧、半是要强,输人不输阵,也就被带着一关关地跨越过自己的不愿意。到最后,有时连自己都被自己的愿意感动了。

老实说,看到自己有那么多不愿意,刚开始真吓了一大跳。因为,已经有太长时间,没有人能勉强我,我也不再勉强自己了,所以根本没机会看见自己的不愿意。或者换个说法,凡是我所不愿意发生的事,要不就是不再发生,要不就是一发生就被我躲过,根本就不会与它迎面撞个正着。

如今终于可以好好和自己的不愿意面对面，彼此重新认识一下了。认识之后才发现每个不愿意的背后，都有很深的习性；每个习性背后，都有顽固的执着。而这些习性和执着，在发生的当下则转化为头脑的妄想、身体的疲惫、情绪的烦躁等诸多症状，表面上千奇百怪，背后只有三个字：不愿意！

那些不愿意，虽然总是狡猾地声东击西，放烟幕弹，想尽办法躲在暗处，但也有一样好处，就是一旦被逮个正着，就立刻现出原形，消逝无踪，它所制造的诸多症状也随之消失。

有机会如此密集地面对自己的不愿意，我如今也算半个搜捕"不愿意"的专家了。几乎毫无例外，在每个妄想、疲惫和烦躁的背后，都能找到躲在暗处的"不愿意"。把这些"不愿意"一个个找出来，修炼成"愿意"，实为人生一大乐事。

我也发现了一个诀窍：要修炼愿意，为别人容易，为自己难；大家一起容易，自己单独难。若能有一群人都愿意我为人人、人人为我，那么不难修炼出个"万事愿意"来。所谓"愿力"，就是这么修炼出来的。

修"愿意"

一位创业投资高手最近对我说,创业最终的成败,大部分取决于最初的起心动念。如果仅"动念"而未"起心",只能称为"理想",不能算是"愿望"。他说,多数人的理想力道不足,撑不到最后的成功,所以他只投资有强烈愿望的创业者。

这位朋友对"理想"和"愿望"的分类很有意思,我完全明白他在说什么。事实上,我还曾撰文阐述"大愿"和"无我"的关联,认为只有发大愿者,才能真正无我。愿若大到连"我"都给"无"了,哪是头脑发热蹦出来的"理想"能与之相提并论呢?问题是,"大愿"要如何发?若发了如何才能称为"大愿"?

我扪心自问,"大愿"好像与自己一生浮沉没什么关联。从小到大,都是个性、能耐和环境这三个因素在我的一生中舞来舞去。有时候环境形势强,个性只好委屈些,凑点热闹,谋个出路;有时候个性焕发,跳火坑也不怕,率性而为,直到受够教训或玩到没意思了才收敛;有时候自觉能耐大,虽千万人吾往矣,但最终遇到了环境和个性的局限,为德不卒。在沉沉浮浮之际,也算发过大愿,但事后却发现,那些愿一点也不真实,完全没有力量,离"大愿"差十万八千里都不止。

所以我很羡慕那些发大愿的伟人。不是常有人说"乘愿而来"吗?但最近的一些所见所闻,让我有了不同的体会。我有机会近身观察一些"大愿行者",发现作用于他们身上的并不是"大愿",而是"愿意"。他们并不需要随时提醒自己"大愿"之所系,而是时时刻刻用"愿意"去面对发生的每一件事。他们只是打开真心,保持觉察,自然就"愿意"了。汉字"愿"的本义就是"原本之心",早已道尽了一切。

我这才发现,大家可能是"倒果为因"了。原来是有一些人在修炼自己,终于成就了人所不能。后来别人说他们的故事,就说有人发了大愿。大愿原来不是发出来的,而是用真心、用愿意彼此加持,最后成其大。

有了这些发现,我才明白自己错过的不是没发大愿,而是没用"愿意"去化自己的"个性"。如今年过半百,再发大愿已时不我与,但每天日常修炼几个"愿意"还是可以的。也奉劝诸位,家里若有青少年,别忙着叫他写"我的志愿",带着他从日常生活中修修"愿意"吧。说不定等他长大,我朋友会很乐意投资他呢。

"执念"即地狱

在书里读到一段关系的场景：你在餐桌上对伴侣说"早安"，但没听到回应。你内心产生干扰，觉得对方不再爱你了。这想法带来了伤痛，伤痛又带来评判，在你心里投射出一个不真实的对方，最终使彼此的连接中断。你因此被禁锢在受限的自我中，导致沮丧、冷漠和怨恨，激发出破坏性的情绪和行为，从此陷入恶性循环而无法自拔。

伤痛使你盲目，只看见自己想看的。这样的场景，大家应该很熟悉，因为每天都在上演。这出大戏，角色常更换，但情节从来不变，总是按部就班：发生、解读、情绪、评判、投射、失去连接、自我禁锢、负面能量、破坏性言行……这出戏，有时是内心独白剧，有时是双人秀，当然也经常是大阵容、大制作。而刚开始时，剧情通常很单纯，却越演越复杂，时间越长，角色越少，就越搞不明白到底"所为何来"。

存在主义哲学家萨特说：他人即地狱。我的另类解读是：你把别人想成那样，你自己就坠入地狱；如果彼此都把对方想成那样，关系就坠入地狱；如果一群人把另一群人想成那样，社会就集体坠入地狱。而这些"想"，从来都不是全部的真相。

这一切，到底所为何来？毫无例外，都是在事件发生的当下，从有人"乱想"开始的。一旦有人开始乱想，就会引发各种计较，人人拿起自己的一把尺，算自己的一本账，损益从此不可能平衡。

　　这念头一动,从此因果相生,纠缠激荡,共食恶果。所以才说"菩萨畏因,凡夫畏果",就是要人时时关注自己的起心动念,慎之戒之。修行之人讲究的"戒",最主要的就是不要乱想,这是一切"戒"的源头。自古以来,菩萨少、凡夫多,但过去的凡夫,自作自受而已。人一旦陷入自我的思维模式、情绪模式和行为模式,就业力缠身;一群人的业力纠缠,则陷入共业;身处共业的人,对真相看不见,也没兴趣,即使铁证如山也不信,继续上演"罗生门"。

　　如今又有一种论调:在公众事务中,可以温良恭俭,但绝对不能让。但人人都不让,每个人都认为"自己是对的",难道不是地狱?无怪乎美国政治家托马斯·潘恩说:政治是必要之恶。人到底要"让"什么?难道不是让出自己的"执念"?因为执念是一切"对立相"的源头。必须有人先放下执念,才可能重建人与人的连接,才有机会一起从地狱中解脱。谁先做?除了自己还有谁?

管好"念头"

时间管理上,一个公认的法则是:时间应该花在"重要"的事情上。这句话大家早就知道,但真的有认真思索,到底什么事情最重要吗?

我过去认为,重要的事当然是影响大的、特别的、以前没有发生过的事,但后来突然醒悟,也许"发生最多次"的事情,才是最重要的。

因为一般以为特别重要的事都不常发生,甚至一生只发生这一次,反而是被我们归类为"小事"的那些事,会一直重复发生。这些事,因为发生次数很多,所以最后对人生的影响很大。有了这样的理解后,我盘算了一下,多数人一生必做的事到底有多少次?比如,睡觉约三万次,吃饭约十万次,呼吸约六亿次……

这些看似稀松平常、无须在意的小事,由于在人的一生中大量重复,自然形成其不容忽视的重要性。而在这些"小事"上,因为每个人的态度和习惯不同,经过大量重复累积,必然对人生产生重大影响。所以修行大师才会对弟子说:"好好吃饭,好好睡觉,好好走路,好好呼吸。"因为这正是"把重点放在要事上"的高效能活法。

接下来,大家一定会问:人生最重要、影响力最大的,到底是什么事情呢?顺着刚才的逻辑,我们要先问:人一生做最多次的是什么事?

答案是：想！人一生重复最多次的不是呼吸，而是"念头"。多数人一生起心动念的次数超过百亿次，这些念头，会影响我们的健康，诱发我们的情绪，决定我们的人际关系、事业成败，以及人生的方向和意义。

结论很清楚，人生最重要的事就是管好自己的"念头"。无论是追求高效能的有识之士，还是希望自己这一生能"好好过"的人，莫不致力于此。所以古今中外的修行者，才把这件事当作"第一要务"。

要管好一件事，首先要能"看见"。但偏偏念头瞬生瞬灭，四处游走，既繁且杂，大多数人是看不见的。我回顾自己的一生，花在这"第一要务"上的时间几近于零，时间管理效率如此低下，难怪活成了这样。

我如今的人生功课是尽可能提醒自己，想办法看见"自己在想什么"。尤其是当事情没弄好，或升起了情绪，或身体感觉不对劲时，我都会问问自己："刚才我在想什么？"如果人一生要培养一个真正重要的好习惯，应该就是这件事了。我自己受益良多，供大家参考。

找回"真心"

有年轻人问我,在我过去的经历中,什么事最有收获?我仔细想想,大半生有高峰、有低谷,曾发生许多好事,坏事也不少,但最终觉得记忆深刻、有感受、有启发、有收获的,竟然毫无例外,都是自己"认真"的时刻。无论"认真"是自愿还是被迫,一体适用;无论"认真"的领域是感情、生活还是工作,也一体适用。

正巧近日重读日本"经营之圣"稻盛和夫所写的《活法》,书中的观点完全印证了我的经验。稻盛和夫说,他一生从未制订过长期经营计划,只"充实"地度过今天,就能看见美好的明日,因为"无论是什么工作,只要全力以赴,就能产生很大的成就感和自信心,让人更积极地挑战下一个目标",他认为这种状态是"宇宙和人类之间的一项约定"。

事实上,稻盛和夫大学毕业后就职的公司,就是一家随时可能倒闭的烂公司,老板无心经营,拖欠员工薪资,同事钩心斗角,员工纷纷离职,而他居然在这家公司里全力以赴地做研究,终于带来了成果,由此进入良性循环。

我的经验也是如此。创业之初,由于自己的轻率和无能,把公司搞得一无是处,陷入恶性循环的谷底,却因没有退路,最后只好"用心",没想到却因此走上了一段职场高峰。

很明显,人生有没有收获,其实和发生了什么事无关,只和自己有没有用心有关。世间最珍贵的只有一颗（自己的）"真心"而已，除此无他。无论发生什么事，用真心才不会错过；无论有什么疑惑，用真心自有答案；前途茫茫时，真心会带着你开创坦途。最重要的，真心地去"做"，才不会带来烦恼和包袱。

接下来的问题，当然是"心"要如何"用"。这其实是东方传统智慧的最大奥秘，自古以来的大修行者，可以做到行、住、坐、卧皆"一心不乱"，随时活在当下。这种境界，现代人可望而不可即。所幸，稻盛和夫提出最简单的方法："不管怎样，首先竭尽全力、专心致志、全神贯注于当前分内之事，这样，渐渐地在痛苦之中逐步产生喜悦感和成就感，自然而然就有了大转变。"

大道至简，"置心一处"而已。心不用，就不在。置心一处，就能启用；置于何处，且问初衷。

凡事皆有初衷，经过人事纠杂、昏沉妄想后，多数人都忘了初衷，也就失去了真心。要找回真心，"置心一处"于初衷，无怨无悔、不离不弃，就是唯一有效的方法了。

逆境的三句"咒语"

大部分人遇到人生逆境,都四处找药方,我也不例外。但回想起来,自己人生的重大突破多数发生在从逆境走出后。逆境越大,突破越大。

通常小小的逆境,突破的是见识和能力;从大逆境突破的则是心性的转化。因为大逆境千丝万缕、纠结交缠,讲道理、找方法、用资源都过不去,最后只能转化心性,才过得去。而心性转化,最是难能可贵,也必将受用无穷。

在过去的经验中,能带我转化心性、走出逆境的只有三种"心":惭愧心、慈悲心和感恩心。因为一切已经发生的事情,必然因缘具足,逆境更是如此。"缘"来自外,"因"来自内,当人从外界遍寻法理,仍然走不出时,只有这三种心能引领其来到内在"因地",找到间隙走出来。

惭愧心让人反求诸己,看到己所不足,把自己缩小,带来突破的动力;慈悲心让人体悟到自己和别人正在一同受苦,帮助人放下对道理和利害的执着,有机会一起从苦中解脱。这两种心,都能单独带领人走出逆境。但假如你把逆境变成考验自己的环境,把带来逆境的人变成帮助自己成长的贵人,就可以从逆境中精进。

有句俗话说:跌倒了,不要随便站起来,要先看看地上有什么宝贝,捡起来再起身。人从逆境中能捡到的宝贝,莫过于三颗心。若能三心齐用,必能离苦得乐。这三颗心,当然是人间至宝！

人生是所大学校，我们都是来做功课的。逆境带来的苦，只不过是比较难修的功课，修过了，得的学分也比较多。重点是外境苦，内心不一定苦。逆境当前，境苦心不苦，就是好学生。

面对苦，有三种境界：心随境转，心不随境转，心能转境。所以做好学生，必须修心。能修出惭愧心或慈悲心，已经可以"心不随境转"了；若能再加上感恩心，心能转境，就离心想事成不远了。岂不善哉？

这三颗心，用大白话来说，不过就是：对不起！我爱你！谢谢你！如此而已。说这三句话，不要聪明才智，但要愿意老实。我年轻时恃才傲物，吃了不少苦头，后来靠这三句"咒语"，遇到没办法的事、过不去的人，就"老实持咒"，从此离苦越来越远了。真的很有用，供大家参考。

决定要快乐

在一次朋友聚会时，大家讨论人际关系的处理原则，一位好友说："我这个人从不妥协。"接着陈述他的"理论基础"："钱用来干吗？不就是用来为自己的'爽'买单吗？"接着大家谈起有关心性修炼的话题，这位朋友又发话："你们这些人修炼来修炼去，在我看来，都是自找苦吃，干吗成天跟自己过不去？"我忍不住接了一句："修心有什么用？就是无论发生什么事，都不会让自己不爽！"

事实上，这位朋友很懂得明哲保身，是挺会过日子的有钱人。但因为有太多让他不爽的人和事，因此平日只在熟人的小圈子里出没。在我看来，他的人生还是未能尽兴。至于我呢？自从发现金钱、事业和成就都不一定会带来快乐后，我便走上了一条不同的道路，觉得自己的确越来越快乐了。在这条道路上，我最大的发现就是快乐是可以自己做主的。人生成败顺逆，有太多不如意，但快乐这件事，却是我说了算！在佛教经典里，这种快乐也被称为"欢喜心"。但欢喜心不同于世俗意义的快乐，因为它不需要条件。

刚开始时，我觉得欢喜心是不断付出和修正后的结果，事实也证明的确如此。后来我觉得这样还是太慢，不如直接发愿修炼欢喜心更快些。修炼欢喜心很简单，就是从今以后，不管发生什么事，你都决定自己要快乐，这样就好了。

如果人生有一个影响最大的决定，那就是你到底要不要快乐。这个决定，超越其他一切的决定。可惜我这个决定做得太晚。若人生可以重来，我一定选择从小就决定：这一生一定要快乐！

　　我的确见过不少这样的人。撇开那些修行大师，印象最深的是尼克·胡哲。他出生时就没手没脚，我看过他小时候的影片，他用脖子和肩膀夹着篮球投篮，真是快乐无比！可见他一定是一个从小就决定要快乐的人。如果他都可以快乐，世上还有谁不可以快乐？

　　决定要快乐以后，怎么做呢？也很简单，只要发现自己不爽，就问自己在想什么。找到那个导致自己不爽的念头，直接跟它说"嗨，拜拜"就行了。重点是，别跟它说话，也别跟它握手，尤其不要和它拉扯，要直接说"再见"！它也许有道理，也许没道理，那都不重要，重要的是它让我不爽，而我已决定这辈子要快乐，这个决定必须坚持！等确定自己没有任何不爽时，有空再慢慢聊吧。

　　快乐很简单，只是一个决定，但要坚守这个决定，却要用一辈子来修正和实践，这个过程并不简单。要不要快乐，你决定了吗？

人生总是"不得不"

春节期间，好友相聚，听了不少故事，其中当然不乏无奈和抱怨的情节。每逢这种时候，我就不由自主地想起一则经典段子：

女婿向岳父抱怨自己老婆，说她常常如此这般，有时居然如此那般。岳父听完后回答："你说的全都对，所以她才会嫁给你啊！"

这则段子道尽了人生：你所遇到的人、所发生的事，当然不尽如人意，但毫无例外，都"配你刚刚好"。这就是人生实相。

人常感到无奈或忍不住抱怨，就是因为看不见这个无所不在的人间实相。因此，他们的人生充满了"不得不"：遇见了这种人真的倒霉，但不得不；发生了这种事太离谱，但不得不；进了这家公司太委屈，但不得不……

不得不，就是半吊子人生，意味着对自己的处境既不愿面对、接受，又无法处理、放下，卡在半空中，除了无奈和抱怨，还能做什么呢？

这种时候，唯一的出路只有"转念"。因为不得不的感受，大部分出自未被认真检视过的念头。所以拜伦·凯蒂才会建议，先用书写的方式，在纸上尽情地宣泄，把各种不满的想法和不顾后果的做法淋漓尽致地写下来，再通过反复的自我诘问，一一认真检查。

我对她的建议深有同感，因为人之所以"不得不"，正是因为半吊子，除非真实地全然面对，否则转念必不彻底，起不了太大作用。拜伦·凯蒂的建议完全吻合"必须做最坏的打算，才可能尽最大努力"的原则，真实不虚。

根据我的实践经验，通常所有的"不得不"在经过反复检视后，都会看到"一切都是因为我"。抱怨都是因为自己的"不受"，无奈都是因为自己的"不做"，这就是真相。世上所有事，只要甘愿受、欢喜做，就没有"不得不"。

我自己在这条路上走了很久，迄今尚未完全过关，但只要觉察自己升起了无奈的感受或产生了抱怨的情绪，就告诉自己又半吊子了，又"不得不"了。二话不说，立即转念。常做"转念作业"的人，一定能看见：人生真的没有不得不，只有不接受和不愿意，接受了就不会抱怨，愿意了就不会无奈。"不得不"真的是人想出来的。以后遇见"不得不"，转念就对了。

好为人师

直到最近,我才看到自己"好为人师"的习性仍在,也因此对"好为人师"有了更深的体悟。

我从小表达无碍,也爱吸收新知,后来进了传媒业,又做了经营者,养成了对大小事指指点点的习惯。当然更不乏周遭人士投我所好,"不耻下问"于我,"为人指点迷津"于是成了我的专长之一,我也乐此不疲。

直到几年前,有缘看到真正"为人师表"的样子,才明白自己只不过是"好为人师"。无奈积习深重,迄今仍无法戒断。

我的"好为人师"症状如下:第一,有时根本不管别人需不需要,只因我看不顺眼,就强行指教别人;第二,有时看到别人有需要,但不管他是否准备好,便自顾自地指教起来;第三,有时别人愿意受教,但我没弄清楚状况,就开始长篇大论;第四,有时我教别人教得一语中的,别人也很佩服,但他回去根本做不到,徒增挫折而已;第五,我还经常指导别人到自己很过瘾,把话说得太快、太多、太满,没有留下空间让别人想明白,让别人自己下决心;第六,大多数时候,我建议别人去做的事,自己也没有做到;第七,最严重的是,我常以为自己说完了,别人听懂了,事情就结束了,根本就没想到接下来还该为别人做什么。

可想而知,以上七灯全亮,我无疑是"好为人师"的重症患者。经过三年来的反省修正,如今这些症状只是稍轻而已。可见此症之顽固。

我这辈子站上讲台当老师的日子屈指可数，"好为人师"的习性却无所不在，受害者包括朋友、同事、兄弟姐妹、配偶、子女、父母，甚至人生旅途上偶遇的各色人等，真是惭愧啊！

自从"确诊"后，我当然也看到许多"病友"，而且遍布各行各业，不计其数。其中有四类"病友"特别值得注意，就是公职人员、老板、老师和为人父母者，因为当这四类身份的"患者"发作时，他们的发作对象可能无路可逃，成为最值得同情的受害者。

我的自我疗愈过程，也不妨说说，供"病友"参考。首先，千万别以为"好为人师"只是小毛病，它不仅耽误别人、压迫别人，也给自己人生造成重大障碍；潜藏其后的是傲慢自大、自我为中心、浮华不实、麻木不觉……这个毛病不改，你的人生很可能就"仅此而已"，再也无法前进了。

其次，改正的方法最重要的是先看到自己的起心动念，到底是希望对人有帮助还是为了彰显自己。一看到念头不对，就设法即时转念，生惭愧心，纠正行为。如果起心动念真正是想帮别人，必定是从自己的"做"开始修。修到深处，自己的样子会不同，也必定慈悲和智慧俱足；当别人有缘靠近你的时候，你自然知道该怎么做才能让别人的生命前进。这才叫"为人师表"！

我辈凡夫俗子，不敢奢求为人师表，只要戒掉"好为人师"，就已经功德无量了。

人人都该改个性

"自我疗愈"这个议题越来越受关注。一般人总以为失败者或身心有障碍的人才需要疗愈，其实不然。我认为，越是成功的人，越有必要自我疗愈，理由如下。

第一，成功动力的背后，很可能是一种补偿作用，即所谓的"苦大仇深"。苦大仇深激励人迈向成功，也导致人深锁创伤，常在成功的背后潜藏着极大的副作用。

第二，在现实世界中，成功几乎成为一种"通货"，可以用来大量交易，掩藏遗憾，收买人心，让人"自我感觉良好"，对人生的重大缺陷无知无觉。

第三，成功的人通常很有影响力，他们疏于"自我疗愈"，遗祸人间的威力千百倍于常人。

因此，许多成功者都个性鲜明、风格独特，大家都认为这正是他们成功的原因，可以公然示众，大家也乐于成全，当然更不必改了。我过去正是这么想的，后来经过学习，才看到个性不改，损失太大，造业甚深，活得太不像样。我如今的看法是，"改个性"是人生最重要的功课，不分年龄，无论成败，都应列为第一要务，非改不可。

个性可以改？个性如何改？一位修行大师的指点可作为最佳注脚。引述如下：

观照你的心念，因为它很快会变成思想；

观照你的思想，因为它很快会变成语言；
观照你的语言，因为它很快会变成行为；
观照你的行为，因为它很快会变成习惯；
观照你的习惯，因为它很快会变成个性；
观照你的个性，因为它很快会变成命运。

而你的命运，就是你的人生！

这位对生命有深刻了解的智者，用短短几句话，已经把人生的真相和因缘说尽了，而修行方法也呼之欲出。简而言之，人的命运操之在己。欲改命、改运，必先改个性；欲改个性，则须逆流而上，由粗而细，由外而内，顺着习惯、行为、语言、思想，回到源头处的"心念"。能如实地观照心念，心念自转；心念转变，思想、语言、行为、习惯、个性，假以时日，皆依序转变，最后连"运"和"命"都能改。

个人如此，由许多个人集成的组织又何尝不是如此？一个组织的命运，也是全体人员（尤其是领导者）个性、习惯、行为、语言、思想、心念的集合体。所以中国儒家讲究"物有本末，事有终始"（《礼记·大学》），定下诚意、正心、修身、齐家、治国、平天下的"知所先后，则近道矣"（《礼记·大学》），主张"自天子以至于庶人，壹是皆以修身为本"（《礼记·大学》）。

修身修什么？"修个性"而已。修个性，重在修一颗真心；修真心，要先主动觉察，这就是现代人所谓"自我疗愈"的精髓。所以，"个性"是可以改的，人人都该改！

第二部分
更好的自己

——恐惧限制了你,制约了你,扰乱了你,削弱了你,让你不能用平常心做你该做的事。

第 4 章 自我的突破

开窍之路

身在当今之世,"无常"以倍数运转,许多人在关系和事业上常有被困住的感受,大家都在寻求突破之道。我观察到,人人都忙着解决问题、达成目标,进步在所难免,但进步赶不上无常,最后仍是左支右绌。

真正的突破远远不止于进步,比较接近于开窍。进步像爬楼梯,认真努力即可;开窍像在天花板上打洞,是更上一层楼,脱胎换骨。

一个开窍的人,能想到以前想不到的,看到以前看不到的,听到以前听不到的,说出以前说不出的,做到以前做不到的,最后活出以前活不出的样子。这才是真正的突破!这样的突破才能超越无常。

回想自己的人生,曾有三次接近开窍的突破。

第一次是大学时期。人生首度从家庭管教和升学竞争中解放,求知若渴,像海绵般地拼命吸收知识。当时我也感觉自己受传统教育禁锢,生命严重受限,因此认真学习心理学、哲学和宗教学的各种方法,深入内省。经过一番吸收和清理,终于绽放出生命能量,在学校里变身为学生领袖,入职场后又成为同侪中的佼佼者,开启了长达十年的活跃人生。

第二次是创业后长达五年的人生低谷,自感一无是处,走投无路,乃逸出俗事,回到生命源头寻找药方,整日打禅、读经典,向内寻求力量再出发。最后，促成了长达二十年的事业辉煌。

第三次是十多年前，事业虽处于顶峰，却自感生命的荒废和空虚，于是放下一切，投入人生学习。在长达七年的时间里，我担任全职义工，从实践和服务中修炼心性，从此让自己走上不同的人生大道。这应该是此生最大的突破。

从这三次的人生突破，我总结出三点：第一，突破发生的时机，通常是觉察到自己的不足，或面临外在的挑战，或处于舒适圈而产生空虚感时；第二，突破的路径通常先由外而内，然后由内而外，最后内外相生相成；第三，突破的进度刚开始慢到难以觉察，然后逐渐加速，直至飞升。

我知道，自己人生的现阶段正在经历最大的突破，"乐以忘忧，不知老之将至云尔"。我隐约觉得，最高效能的人生是把突破变成日常。这样的境界，虽不能至，心向往之。

如何"放下"

我曾在文章中谈道:"要能放下被人不舍的,提起别人不敢的,才算有作为的人。"有人请我再说清楚些,谨此照办。

"提起"和"放下"是人生两门大功课,一辈子都做不完,而且这两门课,说到底,其实是一件事。因为你只能放下你曾经提起的、你已经完成的,否则只能叫"放弃",而不是"放下"。并且往往没有前面的放下,就不可能有后面的提起。而一旦提起,就不能放弃,否则只能称为"冲动",不算真正提起。

这个道理我也是经历了够多,才逐渐有体会的。因为我原先就是一个既冲动又轻易放弃的人,常常把冲动当作提起,把放弃当作放下。有时候,甚至事到临头,我还说它不重要,说我不稀罕,与我无关,还没开始就放弃了,却合理化自己是个超脱的人。

人真正能放下的事,是曾经全然经历,吃过苦、碰过难,甚至走投无路,却仍然一次次地坚持,决不放弃,最后终于苦尽甘来、享受成果、备受肯定的事。这样的事,你能潇洒地退场,才叫作放下。

从这样的定义来看,我人生放弃的事甚多,放下的事却屈指可数。但回头一看,每一次的放下,其后都带来重大的突破,简直像中了大奖。

什么状况让人决定放下呢?我的指标只有两个:其一,发现自己已经活在舒适圈里,不再成长;其二,我的贡献已经有人可以取代，不再非我不可。如果两个灯全亮，我内在就一定会出现一个频频催促的声音，直到我坐立难安，再也待不住为止。

我还有个好习惯，有助于"放下"的两灯齐亮，那就是做任何事的最终目标，都是让自己可以不用再做。因此我给身边的同事很大空间，一旦事情做顺了，就放手，放到完全不需要我为止。所以我常把自己弄成闲人，闲到不得不放下。

关于"放下"对人生的重要性，我有一个比喻："放下"就好比火箭升空，起飞时必须有强大的推进力，但爬升到一定高度后，大气稀薄，不再需要这种推进力，就必须把第一节火箭脱落，启动第二节推进器，用较轻的载体、较小的动力继续爬升，如此重复脱落、启动，最后到达几无引力的外太空，即可轻松漫游了。

"怕麻烦"才麻烦

网络时代的"业力"实在太大了。我十年前接受采访,随口说的"三不原则",结果直到最近还有人不断提起,他们都是从网络上看到的。

我当时是这么说的:经历过多年的起伏困顿,我如今立身处世有个"三不原则"——不找别人麻烦,不被别人找麻烦,不给自己找麻烦。我还说,不找别人麻烦最容易,不被别人找麻烦比较难,不给自己找麻烦最难做到,但我好像都快做到了。

我当时这么说,也的确是这么做的。结果多年后,有人问我:你现在有烦恼吗?我说没有。再问我:你快乐吗?我说没什么不快乐。继续问:你真正想做的是什么?你人生的价值何在?我想了半天,答不出来。

如今回想,我那时其实一点也不快乐,只不过弄得很热闹,令人称羡,就以为人生不过如此,"夫复何求"。而且我说没有烦恼,只不过是觉察很浅,看不到别人的麻烦因我而起,时时逃避别人带来的麻烦,更不愿面对自己人生的大麻烦。

那样的状态,是因为自己过去太过率性,惹了太多麻烦,后来怕找麻烦,以为你不去"找"麻烦,它就不会自己来,或者虽然来了,只要视而不见、逃之夭夭,就没事了。

人生当然不是如此。你在深水区遇到风浪,逃回浅水区,以为可以安身立命,结果浅水区开始退潮,仍然藏不了身。那就是当时的我。

如今的我，开始修炼"不怕麻烦"。我发现其实身外的人和事，都无所谓麻烦，麻烦的是自己的念头。当事情发生，负面情绪由内而生，头脑立刻给它贴上"麻烦"的标签，开始启动麻烦处置反应模式，结果当然是越麻木越烦躁。麻烦一再重演，正是无意识和逃避的结果，人生就在不间断的麻烦中停滞、虚耗和错过。

我发现，麻烦其实是人生的重要线索，它的发生，只不过是在告诉你，你还有事过不去，你还有人生的功课没修炼完。顺着麻烦的踪迹，溯源而上，常有意想不到的发现。若能在源头找到麻烦的根由并化解之，往往一大片麻烦从此就消逝无踪。

有过这样的体验，我可以把自己的人生分为几个阶段：不怕麻烦→很怕麻烦→不怕麻烦→怕不麻烦。在人生修炼的道路上，有时就得"哪壶不开提哪壶"，而麻烦就是"不开的那一壶"，先得提起，才能放下。

你的人生处在哪个阶段？有没有兴趣和我一起修炼"怕不麻烦"？

太多"我认为"

清明祭日，思念先母，脑中突然浮现二十年前的一幅画面，令我惭愧不已。这幅画面很简单：我深夜回家，母亲从卧室出来，问我饿不饿。我说不饿，然后坐在沙发上看报。母亲则面对看报的我，谆谆述说她的所思所忧，顺便叮咛我一些注意事项，历时数十分钟，然后各自就寝。

这一当年几乎天天上演的画面，为何事隔二十年后，才让我忏悔无明？主要是因为当时的我无感无觉，直到如今才看到自己的大不孝。

我如今看到的是，自己当年用工作、应酬、朋友、嗜好塞满了自己的人生，连一丝空间和用心都没留给母亲，导致与我同住的母亲整天和我说不上一句话，只好上床不敢深睡，听到动静就起身，苦等夜归的儿子，以便交代几句话，才能安心入眠。而身为人子的我，居然对此无知无觉，既不惭愧，也不用心，更不改过，理所当然地以如此轻忽、无礼的最低级待遇，给了世上最爱我、为我付出最多的母亲。

这惭愧晚了二十年，甚至更久，也让我看清了自己为何活成这个样子。

原来我这个人一向勇于认错，却从不改过，就是因为不知忏悔。而我的不知忏悔，除了个性使然、习性使然，主要是来自"胡思乱想"。我的乱想模式通常如下：第一，虽然我有错，但也不全是我的错；第二，勉强算是有错，但也无伤大雅，顶多算是瑕疵，但谁又没有瑕疵呢；第三，这件事算我错，但要我改，未免太琐碎了，不如我用别的什么补偿一下就好了。

我的乱想，基本上都是"我认为"。我承认的错，是"我认为"的；我的无伤大雅，是"我认为"的；我的补偿一下，也是"我认为"的。就是因为这么多"我认为"，我就轻易把自己搞定、摆平，更"认为"别人也被搞定、被摆平，"不然还要怎么样？"……所以，顶多道个歉、赔个罪就行了，不必再大费周章地忏悔什么。

我和母亲的那一幕，就是因为我活成如此这般，才这么重复上演的。

我一直看不到的是我认为的小错，未必真是小错；我认为的无伤大雅，别人未必也有如此感受；我认为的补偿，或许根本不是人家想要的。人家要的，不多不少，就只是这个而已，而我能给，却偏偏不愿意给。

我还认为，自己的优点和缺点，加加减减还有剩，比上不足，比下有余。我看不到的，是某些人承受了我太多的缺点，却没享受到我的优点带来的半点福，而这些人往往是为我付出最多的至亲之人。我对他们何其亏欠？何其残忍？

想起来，清明祭母，生出惭愧心，应是母亲在天之灵给我的又一次庇佑。这一次，我用心听，不仅知错，更愿意改。从今以后，要把"惭愧心"视为人间至宝，愿能时时生起，成为知错能改的动力。

自己最厉害

一位做投资的朋友，看过上千家公司，见过数不清的经营者，最大的心得是：越厉害的老板，越难找接班人。他说出了一句名言："男人过了一定年纪，也要学女人，生孩子，做母亲。"

他的意思是，居上位者必须要用母亲对孩子的态度来对待下属，才能传承志业、发扬光大。天下的母亲，都希望孩子能比自己强，人生比自己圆满，能做到自己做不到的，并且愿意付出一切来成就他们。经营者也得"学会做母亲"，才能培养出比自己更杰出的接班人。

偏偏在现实世界中，许多经营者一路都在证明自己厉害，最后成了习性，明明已经很厉害了，不必再证明了，他们还每天都在为此忙碌。因为他们都忘了，自己的成功是多少人"成全"的结果，只是执着于"都是因为我厉害"。可以想见，这些人厉害到最后，一定是孤单地抱憾以终，怨叹后继无人，也因此造成了这样的荒谬现象：一流人才付出一辈子心血，打造了一番事业，然后交由二流、三流人才去败坏掉。

说穿了，一天到晚证明自己很厉害，其实是一种病。他的病因是缺乏自信、不知感恩；他的病征是眼中没有别人，生命在原地打转，就像被宠坏了、不肯断奶的小孩。如果四十岁以上还有这毛病，可能是习性难改；过了五十岁还这样，算是贪念很重；年过六十仍在证明自己厉害，只能称为痴愚了。

我自己对号入座，习性难改早已坐实，贪念时常难免，如今只能设法避免落入痴愚了。现在我每天必做的功课是：听自己所说的话，有几句是"自己厉害"、几句是"成全别人"；观自己所做的事，有几件是"自己厉害"、几件是"成全别人"；并时时提醒自己：今日有我，是多少人成全的结果，若不把这"成全"传递下去，简直无颜生存于天地之间。

越做这门功课，越知道它不容易做，所以才越必须赶紧做，免得白活了一场。我想起"立功、立言、立德"的古训才明白，立功是自己厉害，立德是成全别人，因此说立德最大。我想起世界上影响最大、志业传承超过千年的人（如释迦牟尼、耶稣、孔子），都不是证明自己厉害的人，而是一心成全别人的人。这更说明这门功课非修炼不可。

感谢朋友送给我这句"男人也要生孩子"，我才看到世界上真正厉害的男人，原来都会"生孩子"，多子多孙，代代相传。这些男人都像母亲，一直把心放在别人身上，享受陪伴别人成长的喜悦，希望看到别人的生命比自己更圆满。

所有抱怨人才难求、苦恼接班人难产的企业领袖，都该自问：是不是太多"厉害"，太少"成全"了？

为学日益，为道日损

多年前，我观察周围朋友的成功之道，发现"了解自己"才是关键。我曾如此议论：一个真正了解自己的人，知道自己的优点和缺点，因此不难发挥优点、避开缺点，成就当然就比别人大。

这番议论的关键字，是"避开"。我为什么不说"修正"而说"避开"缺点呢？因为我发现自己的缺点很难修正，周围的朋友也一样。即使只是小小的缺点，也非常顽固，很不容易改的。更何况，很多人的缺点和优点根本就是"配套"的。譬如，冲动十足的人，就难免不慎思详虑；温柔细致的人，就很难雄才大略。万一把缺点改了，优点也没了，岂不成了庸碌之辈？

所以我们经常看到一些死脑筋的人，每天忙着改自己的缺点，又屡改屡犯，结果陷入自责自怨的悲惨境地，连自信也没有，更别提大展宏图了。聪明人就不一样，他知道自己有缺点，但巧妙地"避开"，然后专注于自己的强项上，发扬光大，取得成就，最后大家都看不到他的缺点，只看到他的成就。如此人生，岂不快哉！更过分的是，有些人成就够大，连缺点都可以大大咧咧地公开示众，自有人代为巧饰。不是有句话说，成功自己会说故事吗？所以，关于缺点，我用"避开"这两个字，是有事证基础，不是随便说说的。在快速取得成功上，它确实是讨巧的方便之法。

然而，随着年事渐长，我又看到了更多事证：有些人靠着某一强项，一招半式走江湖，迅速成功，但随即也遇到了瓶颈，再也无法更上一层楼；有些人强项真的很厉害，可以一路过关斩将，成就非凡，打下了一大片江山，但终有一日"弱项反扑"，闯下了大祸；还有一些人，把优点真的经营得很好，缺点避开得很成功，事业一帆风顺，平步青云，但最后在人生境界上遇到瓶颈，午夜梦回，觉得自己所说所做只是人生"小道"，离"大道"则谬以千里。正如老子所言，"为学日益，为道日损"（《道德经·第四十八章》）。一般人为了追求世俗成就，拼命"为学"做"加法"，但人生的"大道"却尽在"减法"中。要做减法，缺点就不能避开，而必须"面对、接受、处理、放下"，如此才是"为道日损"。

人生最终的圆满，算的是总账，不是"日益"了多少，而是"日损"了多少。这才是真正的"大道"。

先"搞定自己"

《商业周刊》封面故事曾探讨成功者的时间管理,结论是"与其搞定事,不如搞定人"。我举双手赞成。因为把时间放在事上,只会让人"能者多劳",越做越累;把时间放在人上,才会越做越有空间。

问题是,许多人花了大把时间在"人"上,却仍然没有好结果。他们努力和上司沟通,却得不到支持;努力和同事协调,却得不到配合;努力和下属沟通,却得不到认同。

看起来,把时间放在人上,"把人搞定",也不是件简单的事。

我以前就是如此。和伙伴一起做事,常常想不通:为什么我看到的问题别人看不到;为什么显而易见的答案,有人就是想不出来;为什么不难做的事,有人就是做不到……还有,最重要的是,为什么我讲了这么多次,有人依然还是老样子。

这样的事一再发生,最后我就失去了耐性,开始讲话不小心就伤人,让人难受。而且我心里还这么想:"为什么有些人这么脆弱?这么不肯面对现实?"讲话伤人实属无奈,但又不喜欢"不讲真话",最后只好少说话,还是"自己来"省事些。

这种状况持续了很多年,我才慢慢弄明白,其实是因为我看不清楚自己,所以才看不懂别人。譬如,第一,我常用自己做到的去比别人做不到的,却看不到有许多别人做到的,自己却做不到;第二,看不到自己如今做到的,过去也曾经常做不到;第三,看不到自己得到许多别人得不到的,若非如此,其实自己也不愿意如此做;第四,看不到自己的做到和得到,是别人不断成全的结果。因为有这么多对自己的"看不到",所以才妄想通过沟通去"搞定别人",结果最后徒劳无功。

无怪乎,Visa卡的创始人迪伊·霍克(Dee Hock)说,任何组织的管理者,都应该至少花二分之一的时间"管理自己"。因为,无论你要面对多少事、多少人,主体永远都是你自己。搞定任何一桩事或一个人的效能,都远远低于搞定你自己。只要在一桩事或一个人上搞定了自己,以后类似的事或人都将不再是问题了。

更进一步说,搞定自己的效能不只在事业上,还包括人际关系、家庭、身心健康甚至生命品质的层面。人生最高的效能,莫此为甚。值得付出的时间,其实不止二分之一,而应该是百分之百。

想明白了这一点,人生就太简单了:从今以后,遇到每一件事、每一个人,我们所需要做的只有搞定自己。做好了这件事,就没别的事了。

自我评分降为零

我过去只注重发挥优点，缺点则只求"避开"，而不"改正"，结果自己更厉害、更顺利了，却难以实现圆满。后来了解到不能只"为学日益"，还得"为道日损"。

过去着重"日益"时，我给自己打八十分；如今着重"日损"，我给自己打三十分。必须说明，自我评价从八十分降到三十分，是随着我觉察的开启而逐渐下降的，因此可以预期，我的日后评分仍会继续下降，不排除有朝一日，自我评分降为零分。

自我评分从八十分降为三十分，感觉如何？坦白说，只有"好极了"三个字。

打个比方，这犹如你经营事业，经过长期打拼，终于小有成就，却发现自己陷入"红海"：市场饱和、竞争激烈、获利下降，虽然仍处于舒适圈，却感觉前途茫茫，无所着力。这种状况下，就算你给自己打八十分，也不可能有任何兴奋吧。

但如果有一天，你终于改变思路，看到了一大片新市场，并且下定决心，调整策略，改造组织，落实执行，让自己的事业进入了"蓝海"。虽然市场占有率仍然很低，执行力度仍有待改善，你只能给自己打三十分，却深觉信心满满、莫名兴奋，因为你已经知道如何在"蓝海"中航行，而且看到"新大陆"就在前方。

每个企业经营者都期待拥有一片自己的"蓝海"，人生不也正是如此？就人生的旅途而言，"发挥优点"只不过是在"红海"

中精益求精,"改正缺点"才是真正在"蓝海"中开天辟地。因为优点多与天赋有关,是老天爷赏的饭,你不过是在吃老天爷赏的饭;缺点则是真正的功课,而且很可能是上辈子没做完的功课,这辈子再不好好做,老天岂能由你自由自在、圆满落幕?

我自己过去对缺点只想避开,懒得改,就是觉得"强化优点"效益高,又有精神;现在虽进展有限(所以才打三十分),但完全理解为什么老子说"日益"不过是"为学","日损"才是真正"为道"。"为道"的境界,当然不是"为学"可比的。

如果有一天,自我评分真的从三十分降到零分,那又是什么光景?老子也说了:"损之又损,以至于无为,无为无不为。"(《道德经·第四十八章》)听起来好像和孔子说的"从心所欲,不逾矩"(《论语·为政篇》)是一个意思,孔子他老人家可是活到七十岁才做到的呢,我还差得远呢。但我可以想象,可能的样子是每天早上一睁眼,就大笑自己又赚到了。

在跟随中突破

前阵子听到一则动人的故事,深有感悟,愿在此分享。故事很简单:

一位在某领域颇受敬重的领袖人物,在公益团体做义工,当天干的是粗活,又碰到下雨天,弄得满身泥泞。收工前大伙来到清洗处,有一位伙伴拿着水管,不发一语,蹲下来为他冲洗雨鞋。他当时脑中闪过一个念头:"我,帮别人洗鞋,不可能!"这念头停留了三秒钟,第四秒时他发现自己居然蹲了下来,为别人冲洗雨鞋。

这位伙伴分享的故事,清楚地说明了人的生命是如何突破的。他在自己的事业环境中,别说替人洗鞋,连和大伙卷起袖子干活的机会都没有。因此,当"洗鞋事件"突然发生时,他在错愕中惯性的想法就是"不可能"。但他是有觉知的人,三秒钟后,放下想法,跟着别人一起做,生命在第四秒突破了,那个"不可能"的我消失了,充满惊喜的"新我"诞生了。

我在这则故事里看到生命的限制是"想",生命的突破是无想的"做"。但尤其令我震撼的,是其中展现出的跟随的力量。

我自己就是一个从不跟随的人。从小母亲教我做家务,她做完一遍给我看,叫我跟着做一次,我小脑袋里就有想法,偏偏要用自己认为的方式做,屡屡挨打挨骂也不改。其后在学校里、在玩伴中、在职场里、在婚姻中,尤其是在自己创办的事业中,我永远搞自己的一套，觉得"做得跟别人一样"简直就是奇耻大辱。

对于自己这种特性，我自认为是一种个人风格，是创造力的展现。虽然有时为此付出不小的代价，但也常常赢得掌声，加加减减，还觉得颇为自豪，至少活出了自己的样子，算是特立独行吧。

我看不到的是，无论自己如何发明创造，其实最终还是走不出"自己的一套"，弄来弄去，不过就是那几套。我当然也并非不懂得吸收别人的优点，问题是，我仍然是用自己的认为去吸收，不肯老老实实地先做到跟别人一样。过去的我，看不到这种习惯背后的傲慢，更看不到它已对我的人生造成了极大限制。

直到几年前，通过学习打开了觉知，我才看到有些人活得比我广阔这么多，做到那么多我做不到的。原来，他们之所以如此，只不过是因为他们谦虚、老实，他们愿意"跟随"。每一次放下自己，做到跟别人一样时，他们的生命就突破了，就把别人的优点完完整整地复制了。能跟多少人一样，就吸收了多少人的优点，生命就在这个过程中不断放大。至于创造力，是在做到跟别人一样好以后才开始的，是在做到跟很多人一样以后自然会发生的。

有悟及此，我才明白什么叫作"聪明反被聪明误"，才开始学老实，学老老实实地跟随，在跟随中突破自己的限制，也才享受到生命突破的喜悦，就像前面故事中所说的那样。

自我了解的镜子

许多人的烦恼，来自过度在意别人的看法。有人为了迎合别人对自己的看法，活得特别辛苦；也有人老是想改变别人对自己的看法，弄得大家都不开心。对于这件事，我有一个体悟。

首先，人世间最自由平等之处就是每个人"想"的世界。一个人怎么说、怎么做，或许别人还管得着，但他怎么"想"，世上无人能管。因此，别人怎么想你，不是你可以管的。因此，每一个你认识的人，生命中都有一个"你"。那个"你"，通常不是真的你，而是别人"想"出来的你，是人们根据自身的惯性和需要，投射出他们生命中的"你"。同样，你也在自己的生命中投射出无数的"别人"，那些"别人"也不是真的。

人间关系的真相就是，你有千百个"分身"，活在别人的人生里，同时也有千百个别人的"分身"，活在你的人生里。这些分身似真似幻，但彼此拉扯起来，又热闹得很，也常惹麻烦。了解了这个真相，就不难发现，过度在意别人对自己的看法，是没有意义的。

再往深处看，我们对自己的了解，难道就一定是真的吗？当然不是！我们对自己，有太多的不接受、不面对，甚至于扭曲、伪装，因此往往也依据自己的惯性和需要投射出一个"假我"。这个假我，若依别人心中的"分身我"而活，不累死才怪；这个"假我"，要和别人心中的"分身我"计较，必永无宁日。而这正是大多数人经常在做的事，除了浪费生命，别无他用。

那么，是不是就是要我行我素，不管别人怎么看？倒也不是。因为了解别人怎么看自己仍然是有用的。

第一个用处，别人的看法可以成为我们的镜子。我们很难看见真实的自己，别人的看法则提供了许多角度，帮助我们看见自己所看不到的自己。别人视角中无数碎片化的自己，有助于我们发现自我的完整拼图。

第二个用处，别人的看法有助于我们找到与人的相处之道。别人怎么"想"我们，他们不说，我们无从得知，往往会造成隔阂。我们要善于聆听，虚心提问，鼓励别人说真话。这件事至关重要，因为有利于让别人心中那个"分身我"得以安顿。

总之，别人对我们的看法，无须造成对我们的限制，更无须造成关系中的障碍，反而可以成为自我了解的镜子，成为改善关系的触媒。一念之转，我们就活进了一个不同的世界，岂不善哉？

"认错"必修课

有人向我倾诉他们面临的疑难杂症，左也不是，右也不是，所有办法都用过了，还是无解。对于这种问题，我可不敢乱给建议，最后只能说："试试看认错吧！"这是我唯一有把握的建议，而且确信绝对不会错。

我这么说是有经验基础的。因为自己在事业上最大的转折，从困境中突破，就发生在我向全体员工承认自己"一无是处"之后。除此之外，在亲密关系中，尤其是和孩子的关系，每一次的更上一层楼，也几乎毫无例外，都是发生在我承认自己有错之后。所以对"认错"这件事，我是有把握的。我知道它是"救命仙丹"，而且绝无副作用。

很多朋友的案例，也一再印证"认错"没错。曾有一位企业老总告诉我，以前他开会，都在找员工犯了什么错，结果总是听到一大堆通常是借口的理由，会议往往开到没完没了，开完会问题还是没解决。后来他试着自己先认错，发现员工也开始愿意认错。如今开会时，大家抢着自我检讨，他只要鼓励大家一番，会就开完了。而且很多纠缠不休的老问题，好像都自动消失了。

认错为什么这么神奇？我看到了背后的三个原因。

其一，正如不认错会恶性循环一样，认错也会传染，只要有人开始，就必有人跟进。尤其居上位者带头，效果不可思议。

其二，人有错不认，背后必有执念。认错能让执念消融，最后解决的问题就不止一桩，而是把那执念所滋生的问题一并化解了。

其三，很多事情之所以衍化成疑难杂症，都是因为背后的因果复杂，纠缠成一团，剪不断，理还乱。这种时候，所有的解决方案都难以避免造成进一步的对立，只有认错才能突破。

认错虽然有奇效，但仍有必要提醒，它不能被当作"管理工具"使用。因为做父母的，都希望孩子认错；做主管的，都希望员工认错。但若居上位者自己不能真心认错，认错就会沦为"权力行使"的游戏。居下位者不得不认错，内心就会有委屈感，他们一定会想，"有朝一日"自己足够强大，就再也不必认错了。结果，当然是误会一场。

在我的经验和理解里，我知道认错是人生必修课，而且永远修不完，它会一直陪我走到人生的尽头，最后会变成离不开的好朋友。有它相伴，我就知道自己还在做功课，可堪告慰。若是发现自己和它久违了，会吓出一身冷汗，二话不说，赶紧去补课。

我所佩服的民间教育家王凤仪先生常说："找好处开了天堂路，认不是闭上地狱门。"（《王凤仪善人言行录》）真的是这样！所以认错应无所谓而为，千万不能有条件。

豁出去

许多朋友对我诉说他们人生面临的困境,情节各自不同,情况却十分类似,即都是既无力突破,又无法放下,卡在缠缚之中,无计可施,无路可走。

他们通常还会分析来龙去脉,对困境的缘由了然于胸,突破困境的对策也一清二楚。问题是,虽然明白"上策"该怎么做,却施展不出来,只能用"下策"因循苟且,而且还一再重复,上演令人丧气且毫无希望的戏码。问他们为什么会这样?答案通常是:不是我做不到,而是因为别人。

这种恶性循环的陷落情境,我一点都不陌生,因为在事业和人生上,我都遭遇过。时过境迁,我看到不同的困境表面上南辕北辙,但自己能从困境中走出来,却有一个相同的转折点。在那个点上,内心深处会跑出一个声音,那就是"豁出去"三个字。在事业上,"豁出去"就是身败名裂;在人生上,"豁出去"就是人命关天。但是这三个字,却不止一次带我走出幽谷。

有这样的体验,我对"做最坏打算,尽最大努力"这句话自然有更深一层的领会。我清楚地知道,如果不做最坏打算,就不可能尽最大努力。这就是许多人明知"上策"为何,却用不出来的原因——因为他们还没有做最坏的打算。

为什么人很难做最坏的打算?因为那个"最坏"里,有你不敢面对、无法承受的底线。简单讲,就是"恐惧"。恐惧限制了你，制约了你，扰乱了你，削弱了你，让你不能用平常心做你该做的事，更谈不上"尽最大努力"了。

所以有人常说要"心无挂碍"。既有挂碍，必然心生恐怖；恐怖会带来颠倒梦想，哪还能尽最大努力呢？

对我来说，做最坏的打算，就是"豁出去"三个字，它代表着全然接受、全然信任、全然臣服，它代表着突破底线、解除制约、放下执着。这三个字，不仅在逆境中好用，在顺境中也好用。因为在顺境中仍有失去的恐惧、沉溺的执着，还是要"豁出去"，才有力量走出舒适圈。

做最坏的打算，好比打地基；尽最大的努力，好比盖高楼。地基打得越深，楼就盖得越高。如果你有困境走不出来，如果你有挑战必须突破，不妨停下来想一想：还有什么"后果"是你不能接受的？找到它，面对它，接受它，也许一切就从这里开始，有所不同。

——让人真正愿意『听你的』,其实只有一个理由:因为你『听我的』!

第 5 章　高效能人生

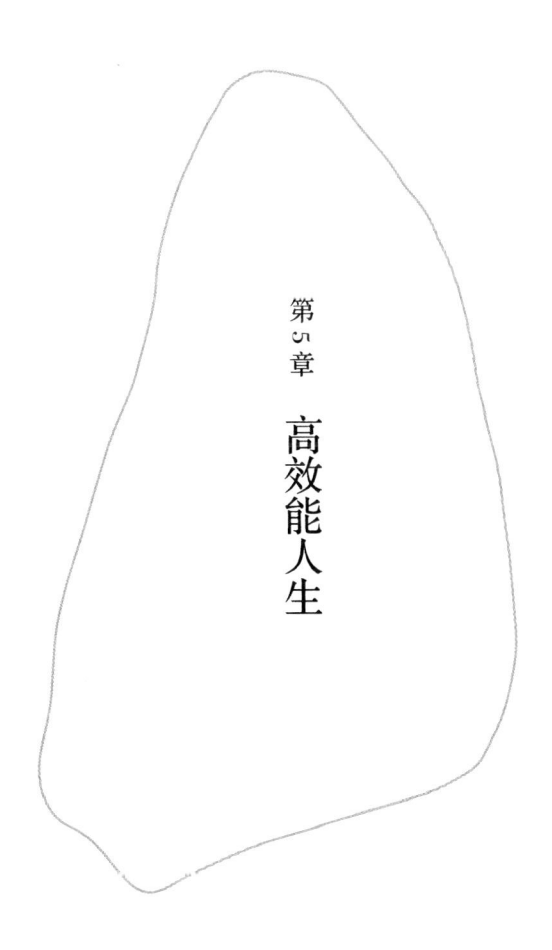

"听话"的效能

前阵子,我和小女儿一席长谈,感受良深。那天我的状态特别好,心如止水。所谓的长谈,其实是她破天荒对我倾诉了将近五个小时,从学校、家里的琐事,一直谈到对宇宙及人生的感悟。而我,只是陪伴,静静地听。

小女儿说完后,我只说了五分钟,说说自己的感想,她就完全听进去了。谈话之后,我们的关系明显更上一层楼。这件事让我看到,人和人的关系原来这么简单:你听我的,我就听你的,如此而已。

这么简单的道理,我们却常常给忘了。主要有两个原因:其一,我们太执着于是非对错,觉得自己的看法精辟、有道理,所以别人一定会听;其二,我们太沉迷于自己的角色,觉得自己是老板、主管、父母、老师、前辈,所以别人必须听我们的。

这真是大误会。有道理只能让人低头,居高位只能让人"不得不",都不是发自内心。让人真正愿意"听你的",其实只有一个理由:因为你"听我的"!

自从有了这个感悟,我就认真体察。每逢觉得自己讲话别人没在听或没听进去时,我就检查,是否自己也没听别人说,或听了却不以为然。结果屡试不爽,一定是这样的。

于是我开始练习。和别人讲话,一定要先听别人说,听不明白就问,直到感觉对方已经说完了,心满意足了,自己才开始说。

而通常在这种状态下，我往往发现自己已经不需要再说什么了。因为在我一直听、一直问，别人一直说的过程中，对方已经明白了，有答案了，或者问题已经消失了。

如是我才明白，"听"比"说"更重要，也更有效能。

这件事看似简单，做起来却不简单。它的难处，是听的人要放下头脑，只用心，要完全的"在"。因为自己平时的状态就是只用脑，不用心，偶尔勉强听别人说话时，也是一面听，一面忍不住地分析、判断、想给建议。但要让人说到心满意足，我们的状态必须是全然地接受、关心、了解、支持、在一起，而这些都是心的作用，是放下头脑才会出现的。

我们和别人在一起，用脑常陷入轮回，用心才有可能突破。学会用心不用脑，和别人真正在一起，是不容易的功课，要有意识地练习才做得到。

我如今给自己定下硬指标，要把自己的"听说比"不断提高，目标是九比一。我觉得那才是最高效能，无论是人生还是事业。

解忧之法

"忧"是内心深处的一种恐惧,一种对未知的恐惧。而恐惧之最,莫过于死亡,因为死亡是人生最大却必然会发生的未知。

若将人生比喻为一所学校,那"死亡"就是毕业考试。哪种学生会对毕业考试恐惧?就是那些期中考、期末考、大考、小考都考得漫不经心或焦头烂额,既无把握也无信心的学生。哪种学生能轻松赴考场?当然是那种平时考试都能轻松过关的"好学生"。

人生的毕业考试,可不可以练习?当然可以!因为它的考题已经公布,只考两道题:过不过得去,放不放得下。死亡虽然未知,但我们已知的是:无论多么不情愿,每个人过不去也得过,放不下也得放。每个人都会毕业,差别只在于:有人开开心心毕业,有人一想到毕业就恐惧。

如何练习人生的毕业考试?也很简单,就是通过发生的每一件事,想办法让自己遇到了就能过去,过去了就能放得下。通过这个过程,让自己对所有的未知越来越有信心、有把握,越来越轻松面对。

这就叫作"修无常"。世间充满无常,所以大家不断有机会模拟考试,为毕业考试做好万全准备。

模拟考试无所不在:早上闹钟响起,你会不会有起床气?气多久才好?起床后发现外面阴雨蒙蒙,你会不会心情不好?不好多久？开车出门，遇到堵车，你会不会心里犯急？急多久才好？遇到与期望不符、不合道理、感到困扰、迷惑无解，甚至被冤枉、被羞辱、被欺侮的人和事，你过不过得去？放不放得下？

你是否想过，这一切的一切，都是这个世界在为你人生的毕业考试做准备，帮助你成为一个轻松赴考场的"好学生"。好学生和坏学生都会毕业，只不过坏学生会恐惧，好学生只有感谢，如此而已。

每个人心中都有"忧"，无论忧从何来，都是正常。解忧之法只有一个：通过发生的每一件事，让自己过得去、放得下，久之自然"行深"，能除一切苦。感谢这个世界让人有机会"忧"，因为"忧"的发生只有一个目的，就是让人通过看见"忧"的练习，以后可以无忧。

大家有没有兴趣一起修"忧"这门大课？

被动人生未必不好

几年前,初次接触"人类图"时,我看到自己的类型是"投射者"。依据人类图的解读,投射者不适合创业,因为投射者的人生策略是"等待被邀请"。

我当时大惑不解,因为我明明就是创业者,而且被外界视为创业成功。是不是人类图不太准?

事隔多年,我深入研究自己的人生轨迹,却有完全不同的见解。

首先,我当初创业,的确是"被邀请",不是主动发起的。在被邀请的前提下,我们组成了创业四人组,很放心地筹备起来。没想到,正式启动时,其中两人因故未到职,四人组变成了两人组,而我又莫名其妙被推举,糊里糊涂地做了经营者。

这个过程,其实是一场误会,以至我这没准备好又不适合创业的人,被动地勉强扮演起经营者来。其结果当然惨不忍睹,导致创业初期公司严重亏损长达七年。

那为什么后来又能反败为胜呢?其实也不是我的功劳,而是我终于明白,自己是只能打后卫、不能打前锋的料。所幸《商业周刊》从无到有,从有到好,从好到卓越,在每个不同阶段,都有伙伴扮演了称职的前锋角色,所以才能屹立至今。而投射者的特性,正是能看出并且帮助别人发挥能量。

这样看来,我还真是不折不扣的投射者,人类图说得没错。

再细想自己的人生，其实我一直都是被邀请的。大学毕业后，我没找过工作，都是工作找我，甚至包括人生转型，都是被邀请的。虽然被邀请的事并不总有好结果，但自己主动发起的事倒真是乏善可陈。

"等待被邀请"的人生策略，是随时准备好发光发热，然后等待赏识你的人采取主动。重点是，这个过程要心脑合一，让自己感受清明，才足以辨识邀请者是不是对的人；所邀之事，是否自己真正愿意并且能够承担。简单来说，要"善观因缘，有以待之"，把人生有限的能量，投入因缘具足之事，才是圆满之道。

如今的时代，大家都强调要积极主动，多数人也教育孩子一定要积极主动，其实是粗浅了。事实上，每个人都应该深入了解自己，找到自己的人生道路，并不是每个人都适合积极主动的。

积极主动的价值观，如果少了觉察和清明，很可能带来人间祸事和灾难。这应该是人类图最有价值的提醒吧。

认真求人

近年来，因为在"人生学习"上自感很有收获，乐于和人分享，常常主动或受邀去拜访别人，包括好朋友、朋友的朋友，甚至不认识的人，颇有再度跑起江湖、"有求于人"的感觉。

记得小时候，因为家境一般，凡事难以做主，几乎事事都得求人。事事求人的感觉，当然很差，我因此暗自许愿，有朝一日独立自主，再也不张口求人。走入社会做事后，资源条件日益丰厚，终于如愿不求人了。没想到三十几岁创业初期，公司财务吃紧长达七年之久，身为公司负责人，不得不抛头露面，四处求人，最后竟然都麻木了。可以想见，当公司财务好转，我再度跻身"不求人"行列时，心情有多舒畅了。

这样过了十余年"不求人"的自在日子的我，如今再度"求人"，感觉又如何呢？说出来你别不相信，只有四个字：妙不可言！

现在回想起来，我人生那两段不求人的日子，其实都没什么长进；反倒是这三段求人的日子，自觉颇有斩获。我有一个比方：人一旦自认不求人，就很容易不在意别人的看法，陷进"自我感觉良好"的舒适圈。就像是产品即将退出市场，不必再研究客户需求，不必再研发产品改良了。套用一句营销术语，这叫作产品生命周期结束了。

有了这样的体会，我吓出一身冷汗。原来我那两段不求人的美好时光，竟然差点把自己搞到"生命周期"结束了，还毫不自知。

人为什么会如此麻木？我认为有两个原因。

首先，"不求人"只是一种自欺的假象。人很容易认为不张口提出的就不算"求人"，因此用钱可以买到的不算，对方自动送上门的不算，两不相欠的当然也不算。总而言之，就是约定俗成、自以为是的都不算。想想看，这样的"认为"是多么的偏狭、多么的傲慢。事实上，身为超强群居性的人类，活着的每一天，哪有不求人、不欠人、不需要他人的可能呢？

其次，"不求人"导致的不长进，人为何容易无感？因为在不求人的日子里，事情可能大有斩获，生活可能多彩多姿，旁人可能啧啧称羡，自我可能顾盼自雄……哪有人会意识到此时生命其实已停滞不前，懂得及时"顺风使舵"呢？

回顾我的"求人"历史，第一阶段是为自己的需要而求人，第二阶段是为公司的需要而求人，第三阶段是为别人的需要而求人，可以说一段比一段精彩。人生从"见山是山"，终于回到"见山又是山"，真是充满感谢！

你如今是"有求于人"，还是已经"无求于人"？若是有求于人，恭喜你，你还没退出市场，有机会好好改良一下"产品"；若是已无求于人，那更要恭喜你，你有机会更上一层楼，找个理由，认真求求人吧。

一切都是最好的安排

古今中外的经典里，常出现一种说法："一切都是最好的安排。"这种说法意境深远，令人向往，但放在日常生活中寻求印证，却难度甚高：很多发生的事，明明真的就是这么糟糕，怎么可能是"最好的安排"呢？

我最近在一个工作坊中认真检视了自己"内在孩童"的一面，对此有了不同的看法。

回忆起的画面，是童年时我因犯错被母亲赶出家门，半夜蜷缩在屋外墙角，内心翻腾，五味杂陈，懊恼、埋怨、忏悔，全都涌上心头，全然无助的那种状态。如今的我，回头看那一幕，却突然领悟：原来一切都是最好的安排！

如今的我，看到当年的母亲着实已经尽力了。她没受过教育，少小离家，无亲无故，只身抚养我这不甚受教的顽劣小孩，她到底该如何教育我呢？即使带着深深的母爱和期待，她必定也充满焦虑和无助，再加上不可能有任何他人帮助，最后只能以最严厉、看似最无情的方式对待我。

如今的我，看到当时的自己，也已经尽力了。幼年我，充满生命力，对一切都好奇，都想尝试，明明知道是错的，也忍不住要经历一番；明明知道会受到严厉的责罚，仍然不计后果。但在内心深处，我仍感知到母亲的苦，感受到斥责棍棒背后深藏的母爱，因此虽胆大妄为，却不至一错到底。

如今回顾当年的自己,如果在严厉管教下完全顺从,可能我会成为一个乖小孩,但人生必然因此受到局限;如果在棍棒下彻底叛逆,则难免步入歧途。我最后的选择,是不知不觉变成了"双面孩童",在成人的世界扮演"求生专家",在大人鞭长莫及的天地则"放胆乱玩"一通。如此塑造了自己的人生原型,也就这样活了半辈子。因此,成年的我一直在社会轨道边缘游走,既不完全守规,也不全然脱轨,如此跌跌撞撞,干了不少荒唐事,也做出了一些成绩。可以说,前半生基本上是照着童年的原型活的。

至于"双面孩童"的议题,则成为我后半生做的主要功课。靠着自己一步步地学习和修炼,我把孩童时期形成的"求生专家"和"放胆乱玩"的双面人生,通过不断觉察和整合,重新融为一体。这个过程,也是充满喜悦和感恩的。如此回头看,难道不是"一切都是最好的安排"吗?每个人都尽力了,结果也各安其分,除了感谢,还有什么可说的呢?

一切都是最好的安排,不是指当下发生的那些事,而是指当事人通过不断修正和觉察后,蓦然回首时内心发出的那一句:啊,原来如此!

感谢的力量

当今之世，我最佩服的企业家，非日本"经营之圣"稻盛和夫莫属。他在经营上创造的"稻盛奇迹"无人能及，原因只有一个：他是企业界最认真的修行者！稻盛的修行因缘从何而来？他修行的基底在哪里？最近我有些感悟，乐于分享。

稻盛少年时，父亲带着他到寺庙，住持和尚叫他回家默念："南无，南无，谢谢（阿里阿多）！"他听话照做，随时念诵，就这么念了一辈子。得人帮助和照顾时说"谢谢"，从别人身上受到教训时更要说"谢谢"。让自己一直保持感恩之心，每日谢天、谢地、谢世人、谢众生万物，这就是稻盛修行的源头和基底。

稻盛哲学的"敬天爱人"，就是从感恩开始的。他在自传中不断地说，自己所有成就都是老天给的："是老天看见我竭尽心力仍不放弃的身影，才可怜我，出手帮助我的。"他提出的六项精进修炼，也不断强调："人活着，就要感谢！"

当世最有成就的企业家，其成功之道居然是感恩，我一点也不意外。因为我知道，感恩不仅是人生幸福的最重要元素，同时也是宇宙中最大的能量。人只有在感谢的状态下，才能真正"得到"，否则别人给得再多，也收不到。越感恩的人，得到的越多，因为他不仅"收到"得多，别人想给的也更多。我还知道，当人陷入绝境，所有方法都试过，仍然无法脱困时，感恩之心是最终的出口。这些都是我人生的经历和体悟，刻骨铭心！

我同时也知道，感恩必须通过修炼，才能日益精进。它应该成为每个人的日课，每天都对所遇到的人、所发生的事说"谢谢"，尤其是对和自己"过不去"的人说"谢谢"，才是真正的突破。

突破不容易，我试了很久，有时仍然对某些人说不出"谢谢"，直到遇见一位老师，他教我四句话："感谢你在今生让我遇见你，感谢你为我带来的觉知和学习，感谢你成为我人生的一面镜子，感谢你认真扮演了自己的角色。"

这四句感谢词，可以在内心深处对任何人说，尤其是让你"过不去"的人。如今，我想到或遇到任何人，只要让自己产生不舒服的感觉，我就说这四句话，直到可以面带微笑地想他们为止。

感谢是宇宙间的大能量，是人生解脱和突破的钥匙，也是必修的日课！

努力无极限

很多人说：工作实在太累了！已经够努力了，但上级永远不满意，简直没天理！

这些人看起来真的很疲惫。在现实中，也的确有许多公司压榨员工，这些都是事实。但有些人，长期处于透支工作状态，却活得精神抖擞，从来不喊累，这又是为什么？

日本"经营之圣"稻盛和夫的六项精进中，有一项是"付出不亚于任何人的努力"。意思是说：只要是别人可以做到的，他都自认可以"不亚于"。他的自传充满了面对极大压力、挑战不可能、废寝忘食、不眠不休的场景，但直到高龄，他都一直活得生机勃勃。

二十世纪的修行大师葛吉夫曾说：普通努力算不上什么，只有超级努力才算数。他把人比喻为机器，说在人体的每一个中心附近都有两个小蓄能器和一个大蓄能器。当第一个小蓄能器的能量快见底时，人就会觉得累；若继续坚持，第二个小蓄能器就开始启动，同时第一个小蓄能器会由大蓄能器再注满能量；第二个小蓄能器的能量快见底时，人会极度疲劳，但只要继续坚持，加上片刻休息，又会与第一个小蓄能器连接……如此循环交替，当两个小蓄能器都耗完了能量，人会变得几乎瘫痪，但经过休息、冲击和努力后，突然有一股强大的新能量注入，这就表示，终于连上了人体中心的大蓄能器。这时候，人的潜能被完全突破，几乎可以上演奇迹。

葛吉夫说，人不需要害怕努力，因努力而致死的概率小得可怜，反而是停滞不前、懒惰或恐惧，比较容易致死。

葛吉夫的境界非我辈能及，但我也有若干相应的体悟。印象最深的是我二十岁出头服兵役时，从补给舰上扛五十公斤左右的物资到沙滩边，一趟又一趟。这是极重的体力活，不到半个小时，几乎所有人都快虚脱了。但在长官的严厉鞭策下（他们真的挥舞着鞭子），很难想象，我们居然连续扛了将近八个小时，没有一个人倒下。

另一段印象深刻的经历，是我曾在某教育机构长期做义工。当初做学员上课时，有些高强度的体验活动，从上午持续到半夜，累到想翻脸，但做义工服务的时候，做的是同样的事情，而且工作强度更高，却浑然忘我，一点儿也不觉得累。

这些经历让我了解到，无论是体能还是精神专注力，无论是在高压还是在自发状态下，人的潜能都超乎自己日常的理解。

普通努力才会让人觉得累，超级努力就不累了。如果你觉得累，不妨加码试试看，也许就真的不累了。

站在巨人的肩膀上

我一生得遇不止一位高人，有幸近身观察，常感震撼：原来高人不仅一处高、几处高，而是处处都高、事事都高，不得不心悦诚服。

震撼之余，有些心得想与大家分享。

首先是许多人所关心的，高人的成就从何而来？根据某天才的说法，成功是九十九分努力与一分聪明的组合。这说法很对，但也很奇怪，因为有很多同样也九十九分的努力者，成就却不如天才的万分之一。

所以那"一分"聪明，显然才是关键。拥有那一分聪明的人，总是在做对的事，而且总是把事做对，因此才能把九十九分努力全部用在得力处。如此日积月累，相加相乘，成绩将不容小觑。

此外，有那一分聪明的人，能悟透"我愿"，放下"我执"，因此对所为之事皆能"乐而为之"。这样的人，身体力行都像打了鸡血一样，欲罢不能。所谓九十九分努力，其实对他们来说一点也不吃力。

一分聪明既然如此重要，那是"生而知之"还是"学而知之"？

答案是：都是，也不都是。因为它是每个人天生都拥有的，但是不学，就用不到，等于没有。

讲到此处，大家一定知道我说的其实不是聪明，而是智慧。

人生的成就和幸福，几乎与智慧可以画等号，但大多数人却忙着学别的，不学这个。人世间的颠倒，莫此为甚。

所谓智慧，其实就是关乎人生成就和幸福的学问，只要学到了，哪怕只有一分，都能胜过那剩下的九十九分，当然值得列为优先选项，并且花九十九分气力来学。

智慧如何学？高人的答案是：读万卷书，不如行万里路；行万里路，不如阅人无数；阅人无数，不如高手指路。上焉者，当然是四项都做，但如我等凡俗之辈，人过中年，只能用窍门，专注在"高手指路"上了。

高手指路，较通俗的说法叫作"站在巨人的肩膀上"。大家每天该花最多时间做的事，就是找到你自己所需要的"巨人"，然后把自己弄得身轻如燕，想方设法站上巨人的肩膀。

根据我的理解，凡是巨人，都很喜欢让别人站在他的肩膀上，而且巨人的肩膀通常都很宽大，上面能站很多人。至于谁能站上去，就靠缘分了。缘分也不玄，有愿望、不执着，就是前提。

言尽于此，也就两句话：人生智慧必须学，而且必须向高手学。如果你还没有这么做，就说明你的人生为什么如此这般了。

一百万分的人生

稻盛和夫是我最佩服的当代企业家,我在企业里主管工作时,常让大家照他的"人生公式",给自己理想的人生打分数。

稻盛先生认为,人生最终的结果是由三项因素相乘而来,分别是思维方式、热情和能力。其中,热情和能力可以打零分至一百分;思维方式最重要,因此分数是从负一百分到正一百分。根据此公式,每一个人的人生可以从负一百万分到正一百万分。我请工作坊的伙伴假设稻盛先生的人生是一百万分,请大家给自己打分数。大部分伙伴都很认真务实,给自己的平均分数通常落在三十万分到六十万分之间。但有一次,当着老板和众高层主管的面,一位中层主管给自己打了一百万分。他为什么如此自信?大家当然很好奇。

这位同学如是说:这三项因素是相互影响的,影响最大的是思维方式,它会带动热情,而热情又会提升能力。所以如果思维方式一百分,假以时日,热情和能力也将趋近一百分,三者相乘,结果自然是一百万分。他在打分数时,感受到自己愿意不断修正,相信自己的思维方式可以提升到一百分,不想委屈自己,所以就打了一百万分。

诚哉斯言!

稻盛先生也常说自己条件不好,而且"资质平庸",因此没能考入好大学,没能进到好公司,但他却活成了人人称颂的"经营之圣"。的确，除了思维方式特别正确，实在无法解释他为什么能拥有这样的人生。因为思维方式正确，稻盛先生能每天都付出"不亚于任何人的努力"，因此得到了不亚于任何人的成就。也就是说，只要生而为人，拥有正确的思维，就能活出精彩的人生。

话虽如此，但这位同学自认能活出百万分人生，仍让其他伙伴难以置信。我于是引用阳明先生在《传习录》中"论圣人"的说法论述一番。

阳明先生说，圣人和凡夫的差别在于"心"的不同。就好比金子，成色十足就是真金，成色不足则不算真金。真金就是圣人，与几斤几两无关。这么说来，每个人身处不同时代，各有不同际遇，但只要思维方式不打折扣，热情和努力不间断，人人都可活出稻盛先生的百万分人生。即使成就有大有小，亦无高下。

但大多数人即使明白这个道理，也未必能像这位同学这样想、这样说。因为人的思维总是画地自限，日久形成牢不可破的模式，不但不敢大声说出来，甚至连想都不敢想了。

你敢给自己未来的人生打一百万分吗？哪怕只在未来的某一天在某领域实现，你愿意给自己一次机会吗？

——「生而为人，我到底是来做什么的？」
「我是来学怎么活的！」

第6章

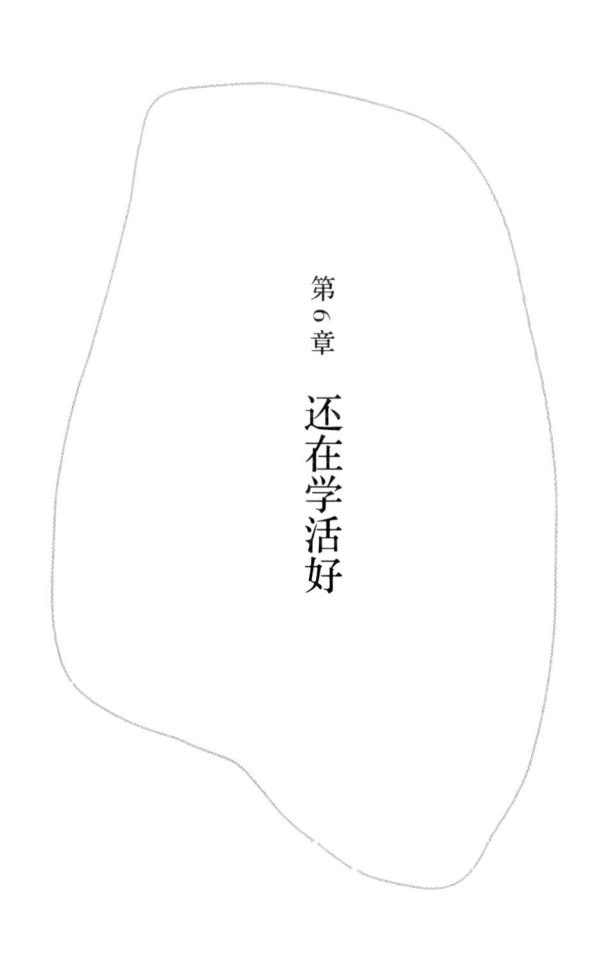

还在学活好

学"不讲道理"

亲密关系一直是我人生的大功课，其中一个过不去的关卡，就是太爱讲大道理了。有时候，明明人际关系已经出问题，彼此都在受苦，我还是抓住大道理放不下，最后的结果，当然是"赢了理，输了人"。而且那个"赢"了的理，不过自以为是而已。

这样的惯性，我过去是这么合理化的：既然是自己人，自然要说真话；如果有误解，必须讲清楚；如果对方有偏差，更有义务晓以大义；即使对方只是有疏忽，我也一定要尽提醒的责任。

可想而知，我如此"好为人师"，在亲密关系中，很容易产生距离，难以圆满。后来年事渐长，明白在人际关系中不能这么总讲大道理，而得用情，可自己又没办法改彻底，一不小心，就用这样的大道理把人惹恼了。

我也曾试着反省，自己为什么如此爱讲大道理？找到的原因是：因为我一辈子都靠"讲道理"混饭吃！大学时代，当过校辩论队的教练；在媒体圈工作，以评论家自居；创业成为经营者，自然总是我在指导同事；后来还四处演讲、做老师、当顾问……一贯地"以理为生"。像我这样的人，要放下吃饭的家伙，谈何容易？

但我为什么会成为"以理为生"的人呢？直到最近，我才终于看到了根源。那是自己童年时候的一幅画面：母亲的严管严教天罗地网，常在责罚后，继之以说教，幼小的我感觉自己一无是处，又不能和母亲顶嘴，只能在心里和母亲"辩论"。她口头上说一句，我心里顶一句，"抓住道理不放"的功夫和习性因此练就，并化为安身立命的最终依靠。以讲大道理谋生的事业倾向，由此而来；亲密关系难以跨越的障碍，也由此而来。

看到这幅童年时代的画面后，我为自己的不受教深深向母亲忏悔，重新感受她严教背后的大爱，也接受了自己幼年意识深处的无助、软弱和叛逆。其后每逢关系中出现"不以为然"，我都设法让这幅画面浮现，以如今成熟的我，超越那禁锢于幼小心灵中的习性，重新学习用"感同身受"取代"咄咄逼人"。自此以后，亲密关系成为我一门乐于学习的功课。

我也发现，抓住大道理不放其实不只是我在亲密关系中的障碍，也是我在所有人际关系中的障碍，更是我心性成长、事业发展和人生圆满的障碍。而且如今的社会，讲大道理蔚然成风，好像已经成为一种时代病，影响到家庭、企业、社会、政治的所有层面。抓住大道理不放，不是个小问题，是时代大毛病！

学"感同身受"

活到老，学到老！到底学什么？我最近的功课，是学"感同身受"。这一课，好像永远学不完。

为什么这一课这么难修？估计是小时候读书不求甚解，学了半吊子的"己所不欲，勿施于人"（《论语·颜渊篇》），长大后又自以为是地"推己及人"，积习难改吧。

但后来发现，自己虽与人为善，却难和人真正亲近。做人虽不能算失败，但总少了点滋味，在各种关系中，往往流于角色和承担，难得"同类共振"。有时候，我觉得稀松平常，别人却反应剧烈，让我百思不解；有时候，别人很热切或激动，我虽然明白他们在说什么，却没有感受。好像关系到了某个层次，就被卡住了，无法更上一层楼。

即使如此，我也觉得"大概就是这样吧"，那种人与人的深度契合或许只存在于小说、电影中，或许是某种因缘巧合的暂时现象，不可能是人生常态。

近年来，通过不断修炼才了解到这是我自己有问题，错过了许多人生风景。因为"推己及人"，是假设人有共性，但人间真相是，人的共性只存在于个性和本能中，在这上下两端之间，却是每个人不同的业力和习性，因此对相同情境的感受和反应往往南辕北辙。

因此"己所不欲"，未必是"人所不欲"；说不定"己之所欲"，恰恰是"人所不欲"呢。所以关系要圆满，单单"推己及人"不够用，加上"感同身受"才够用。

我以前也自认能感同身受，后来才发现，常常是用自己的"感"去投射别人的"受"，根本就是误会一场。

我如今的理解是，感同身受不能一厢情愿，必须是双向的，因此有三门功课要做。

其一，要学会"如实"表达。大多数人的惯性，都是压抑、批判或讨好地迂回表达。如实表达，需要一番修炼。

其二，要学会"放空"倾听。这件事不容易，尤其是在对方压抑或愤怒时，仍然要通过说话，听到他真正的感受和需要。

其三，要学会随时"不耻下问"。千万不要觉得理所应当，更不要自以为有特异功能，只要觉察自己和对方无法感同身受，立即就提问。

这三门功课，我虽学了很久，但到现在还没过关。但我知道，若能学好，受用无穷。因为感同身受，近乎觉悟，一旦觉悟，则可诸事圆满，万事无碍。这是人生的必修课！

学"面对脾气"

过去我自认脾气还不错,很少与人恶言相向或起冲突,在极少见的情况下,急起来顶多咄咄逼人或拉下脸来而已。所以我把脾气好视为自己的优点。

可惜这优点却有"罩门",就是碰到脾气坏的就没辙。正因为自己不爱发脾气,所以弄不明白为什么有人爱发脾气。每当有人发脾气,我就觉得尴尬,不知如何自处。如果别人发脾气是冲着我来,我的对策通常是和稀泥,息事宁人,然后迅速逃离现场,想办法把这件事忘掉。

很显然,我这种做法解决不了问题,说好听点是独善其身,实则是十足的鸵鸟心态。

近年来我试着面对这门功课,看看自己能否对发脾气"感同身受"。结果大出意外,我竟然在爱发脾气的人身上看到了自己所没有的优点。原来有些人尽管爱发脾气,却真心待人,而且对人从不放弃。

我在他们身上看到了自己,虽然号称脾气好,自认为豁达、潇洒,但潜藏在背后的却是傲慢和冷漠,对人的基本态度是合则聚、不合则散,最怕拉拉扯扯、纠缠不休。相反,某些爱发脾气的人,对人对事锲而不舍,远非我所能及。

看清楚了这点,我对脾气坏的人不再避而远之,他们偶尔发发脾气,也不再那么让我难受,我开始可以和脾气坏的人相处相交，因而对脾气这回事也有了更多感受。

很多时候，我在发脾气的人身上接收到求救信号，看到他们是在气自己，气自己无用，气自己莫名其妙；有些时候，我甚至在他们的狂怒中，感受到他们对人的信任和带着期待的深爱。在日渐能够感同身受之后，我也可以自在地陪伴别人宣泄愤怒，让他们更快平静下来。甚至我还学着在他们发脾气的当下，不再和稀泥，想办法说他们能听的真话，免得他们白发了脾气而毫无所获。

这么做了以后，收获最大的还是我自己：我终于不再介意别人生气，不再避开容易生气的人，我的"罩门"消失了，人生宽广了。

最大的收获，是我终于找到自己"假装"好脾气的缘由。我看到自己从小面对脾气不算太好的母亲，她用她的方式爱我，我却接收不到，总想逃得远远的。经过了数十年，母亲已过世很久，我却通过自己的改变接收到了她的爱，圆满了母子关系，解除了自己的禁锢。感谢啊！

学"说对不起"

一位老友和我分享：终于学会说"对不起"了。

前几天，他和儿子开车经过某十字路口，碰到红灯停下，儿子对他说："当年就在这个路口，你骂我功课不好，一定考不上大学，不如去做乞丐。"我朋友早忘了那件事，而且儿子后来也考上了好大学，心想，自己过去脾气的确不好，既然儿子仍耿耿于怀，二话不说，立刻道歉："对不起，爸爸当年不该……"

听完老友这番"今是昨非"的告白，我敬佩恭贺之余，心里却觉得怪怪的。想了一会儿，忍不住说："你做爸爸的跟儿子说'对不起'，真是了不起。但我觉得道歉词若能改一改，可能会更好。"他问："怎么改？"我说不妨这样讲："爸爸当年一定是没做对，害你被骂不服气，而且还记得那么久。爸爸向你道歉。"我说，骂孩子不一定是错，骂了他不服气才是错，而且教孩子懂得反省和原谅也很重要。老友点头称是。

接着我想起有一次代表《商业周刊》为一件事情公开道歉。那件事情发生的时候，媒体沸沸扬扬，同事也群情激愤。我花了很大力气才说服同事："我们就算对九分，至少有一分不周到……而且现在环境不算很好，一旦被有心之人抓到了小辫子，就再也没机会说清楚任何事了。"

第二天，我在记者会上公开鞠躬道歉，同时捐了一些钱给当事人（这违反了我们做公益不针对特定当事人的一贯原则）。从此，《商业周刊》最受好评的一个年度专题暂时走入了历史，同事对公益报道和活动也开始小心谨慎，唯恐再生事端。

现在回头看那次道歉，从设定"止损点"的公关行为看，应该是正确的选择。但从长远影响看，其实我们和公众都是输家。道歉的意义在哪里？能不能让下一次变得更好？坦白说，就算有机会再来一次，我还是不清楚该怎么做。

我审视自己的"道歉史"，归纳出四种境界：第一，克服自己的个性，有错就说"对不起"；第二，克服自己的执着，就算自认为有理，还愿意说"对不起"；第三，只要对方需要，随时可以说"对不起"；第四，人我两忘，只为大家以后都能更好而说"对不起"。

中华文化真是太有智慧了：就算是"对"，还是"担不起"；就算知道"对不起"，还得有慈悲、有智慧，才能做到。"对不起"哪有那么简单？

我对老友讲的是"对不起"的最高境界，但我自己常做不到。我觉得，如果世人有半数能做到前三种"对不起"境界中的任何一种，就世界大同啦！

学"听话"

我最近在学"听话",学了才知道自己有多"不听话",才知道"听话"有多重要。

先讲自己的"不听话"。如果把"不听话"的症状分为五级,我一定是第五级,也就是"好为人师"级。病征如下:第一,别人还没开口,我就知道他想说什么;第二,如果是熟人在说话,三分钟我就请他"说重点",五分钟我就问他"结论是";第三,如果说话的是长辈或"贵人",我只好耐住性子假装听,但肚子里意见一大堆,还得控制表情以免被发现;第四,我偶尔会认真听别人在说什么,目的是为自己接下来"发表高见"找题目;第五,如果场合由我主控,别人说话时我经常打断、插嘴或接话。

总而言之,我只听自己想听的,而且随着自己阅历的丰富、见多识广后,能值得我一听的"人"或"话",当然就越来越少,少到几近于零,这等于把"听话"这件事变得日渐与我无关。其结果是多数人除了必须"请教"我,不会再把他们心里的事告诉我,(无法阻止的)少数人则日复一日在我耳边唠叨着同样的事。这症状十分严重!更严重的是,我居然浑然不觉,还自认"不听有理",怪那些说话不值得我听的人说得不够精简、不够精彩、不够明理、不够有深度。

开始学"听话"以后,才知道自己过去的人生有多糟,不仅看不见别人在做的事,感受不到别人的心境,更不可能从别人的经验中学习，基本上等于没有"和人在一起"，只活在自己的成见之中，完全没有"活在当下"的感受，生命也因此不再前进。简单说，"不听话"和缺乏同理心、目中无人，是可以画等号的。"不听话"，就是只用脑袋在活，没有用心在活。"不听话"的人，心中只有自己，没有他人，一定会活得很累。

我怎么学"听话"呢？只有一句口诀，就是：用心听！当别人在说话时，练习不插嘴、不妄断、不"心不在焉"，把别人说的每一句话，结结实实地听进去。对我这种"不听话"的五级重症患者，这当然是门难上加难的大课。修炼的方法也很简单：不断地提醒，不断地练习，不断地做到，久而久之，习惯成自然。

开始这样学"听话"后，我渐渐听到了许多过去听不到的事，听到了诉说人的感受，听到了人和事背后的因缘，听到了别人和自己的合一，偶尔也听到了"活在当下"。我渐渐也发现，许多事不用说，也不用做，只要用心听，就已经圆满了。原来别人只是需要说，需要我用心听，如此而已。感受到"听话"的好处，享受到"听话"的乐趣，虽然我还在学习中，但已经知道自己不会再回到从前了。

学"说话"

有朋友听说我在"学说话",不免诧异。因为我自小就是爱讲故事的孩子王,大学曾任辩论校队教练,三十岁后就经常演讲,十余年前还被封为"电视名嘴",为什么年近耳顺,才开始"学说话"?

答案是,我最近遇到了高人,才知道自己不过是"会说自己想法的人",那叫"爱说话",不叫"会说话"。

我的"爱说话"症候群如下:第一,常常说到兴起,如入无人之境,停不下来;第二,常常"指教"别人的,都是自己不愿做或做不到的;第三,有时说到"鞭辟入里",却发现听的人表情很痛苦;第四,有时候对方也觉得我说得对,他却做不到;第五,偶尔听的人照我说的去做,结果却并不怎么样;第六,最严重的当然是被情绪或妄念带着去说话,说完了才觉得自己莫名其妙。像我这样的人,不赶紧学说话,必将继续成为社会乱源,兹事体大。

至于我遇到的高人是怎么说话的,也有几点:第一,别人不问,不轻易说;第二,必须说的时候,只说几句话;第三,说的时候,整个人都"在",而且把心放在听者身上;第四,说话留下很大空间,让听者自己去想明白;第五,所说的每一句话,都是自己正在做的。

这让我想起曾在某本书中看到的一句话:"我们应当随时随地

传播福音，但是，唯有必要，方使用语言。"原来，"学说话"的重点是先学"不用说话"。正如福禄培尔所言，"教育之道无他，唯爱与榜样而已"。要用到语言，已经是万不得已，若再口若悬河，就只能算"造口业"了。

依此我把"说话"分为三类：为我说，为事说，为人说。当然，首先，下焉者是为自己的情绪、过瘾或企图而说，中焉者是为事的达成而说，上焉者是为人的圆满而说；其次，练习"少说"，能用一句话说完的，决不用两句话；最后，练习"为人说"，说的当下要不断觉察，自己到底是为我、为事，还是为人而说。

我必须承认，像我这种不会说话的反面教材人物，学说话真是门大功课，十次说话能有一次觉察，十次觉察能有一次做到，就很不容易了。如今大胆公布我正在"学说话"，就是要请诸位亲朋好友不吝赐教。

学"赞美"

现代人，无论是职场修炼还是为人父母，专家都教大家要善用"赞美"的力量。许多人依"法"奉行，蔚然成风。

我个人倒是对赞美这件事一直有所保留。尤其是年轻一代现身职场后，我更有一种直觉，他们身上的一些问题可能是他们的父母滥用赞美教养子女的后遗症。

我这么想，当然与自己的成长经历有关。在我们这一代人的成长过程中，多数父母、老师、上级都不习惯赞美，自然而然，也就认为做好分内之事是理所当然；做得不够理想，受责罚也理所当然。可想而知，这样长大的我，当然不太习惯赞美；偶尔被赞美，常常不知所措；要对他人给出赞美，除非功绩卓著，否则不轻易为之。在赞美这件事上，可谓欠学。

经历一番学习后，我如今看到有关赞美的四种情况：第一种人，执着于自己的个性或习气，看不到别人的优点，吝于赞美，自是不可取；第二种人，为了自己的好处，用赞美激励或操控别人，虽然暂时有效，副作用却难避免；第三种人，突破自己的限制，常能欣赏别人的优点，并且真心表达，人我皆大欢喜，境界不俗；第四种人，对生命有透彻了解，以助人为快乐，常能带着"觉性"恰如其分地赞美，为别人的生命带来滋润和启迪，这才是赞美的最高境界。

我的确见识过这样的"赞美大师"，他的赞美，不为满足自我，也不为满足对方的自我，而是给出灵魂当下最需要的养分。这样的赞美，能触动你生命中细微甚至尚未完全觉察的部分，给你温暖和支持的同时，让你立刻感受到自己仍有不足，仍需精进。给出这样赞美的人，就像能听到你内心微弱而模糊的声音，并把它清晰而坚定地说出来，让你知道自己很好，而且可以更好。

这样的赞美，让人立即回到生命的真相，感受到振奋而继续向前。什么人可以给出这样的赞美？首先，他当然是一个无我的人，因为无我而能与人"同在"；其次，他必然是充满爱的能量的人，才能以"爱语"满足别人的需要。

赞美岂是说好听话那么简单？它本身就是通过助人而修炼的关键。要成为赞美大师，其实就是走一条修炼之路，修的不是方法、不是技巧，而是"无我"。有兴趣做"赞美大师"吗？开始修炼吧！

学"感恩"

我一直自认是个知恩图报的人,对别人的帮助,总会想办法回报,甚至十余年前,自认状况较宽裕,还特地进行了一趟感恩之旅,找到了一些失散多年的童年恩人,并一一拜访,表达感谢,以免遗憾。

直到最近,我对感恩有了进一步的学习,才明白过去是在用自己的一把尺去衡量何人、何事应"知恩图报",这不过是另一种头脑的计算游戏,是自我膨胀的副产品,离真正的"感恩之心"还有十万八千里。总的来说,我的问题是感恩的广度和深度都不够。

在广度上,为什么我认为有些人和事不必感恩呢?原因不外乎三点:第一,我认为这成果是我靠自己的本事辛苦挣来的,不知道该感恩谁;第二,我认为那是别人该做的,而且大多数人都这么做,不适用于感恩的范畴;第三,我认为彼此的对待是约定俗成的"交换",各尽其力,各取所需,谁也不欠谁。

在感恩的深度上,我的不足更是严重。我看到自己在童年受"父母之恩"时,就没有完整而深刻的感动,因此日后受人之恩,也仅止于头脑的感知。这样的感恩,只不过是生命外围"事"上的付出与回馈,因为没有用真心感受,因此受与施、施与受都没有到达生命的核心,无法带动生命前进。这样的错过,只能说是白忙活一场。

可想而知，一个在感恩的广度和深度上都不足的人，当然也不知如何"施恩"了。我自认是个"偏善"的人，从无害人之念，常起助人之心。但每每在助人这件事上，做得很不到位，做得很没感受，也常助人而无好结果。如今才知道，因为自己对感恩的体验不够深，助人也往往沦为表面，仍然停留在"脑"而不到"心"，又是白忙活一场。

开始学感恩，才知道感恩太重要了，重要到学不会感恩，这辈子就白活了。因为我终于明白，不懂感恩的人，无论表面上有多大的成就，看起来多么光鲜亮丽，都不可能幸福，因为他什么也没"得到"：不感恩，就不珍惜；不珍惜，就无所得。无怪乎朗达·拜恩的《秘密》一书教大家想得到什么，就先假设已经得到，而且要用感恩之心为之。因为"感恩之心"其实是生命中最强大的能量，其中包含了谦逊、觉察和智慧，并且和幸福相生相伴。

感恩的最高境界是：生而为人，就感谢一切。这门功课的福报如此之大，功德也如此之大，能不学吗？

学"信任"

一位英文老师，三十一岁首次创业，三十五岁再次创业，花十几年时间成就世界级的创新企业集团，并且交班给饭店服务员出身的助手。

马云的这一页传奇，不折不扣是世界级的，问他如何做到的，他说来说去，却始终围绕着两个字：信任！

这个答案和一般人的认知相去甚远，难免让人以为马云在唱高调。就算相信他说了大实话，也不知这样的"成功秘诀"要怎么运用在自己身上。

我却知道他在说什么，因为他说的和我自己的生活历程完全相符。

总体来说，我半生沉浮于"信"与"不信"之间。回头一看，凡处于"不信"状态时，总是低迷、混乱、复杂，看不到希望；凡处于"信任"状态时，都是安定、清晰、简单，对未来有把握。这种状态与顺境或逆境无关，而与自己当时的生命状态有关。

这样的因果循环屡试不爽，但身处其中时，却仍然当局者迷。因为人的习性总是要追求复杂的、高深的答案，显而易见的简单答案却常被我们视而不见。

依我的了解，信任是一种不能分割的生命品质。一个人不可能不相信命运而相信自己，也不可能不相信自己而相信别人，更不可能不信任别人而得到别人的信任。追根究底，信任最终的源头,来自对命运的"臣服"。拥有完整的信任,就是回到了生命的源头,能够听到内心深处的呼唤,得以身处乱局险境或面临诱惑而仍有定力。

其实,这样全然的信任也是每个人与生俱来的生命品质。可惜的是,大多数人在人生旅途中日渐遗忘或封藏,以至无法再"受用"。这个结果当然事出有因,简单说,就是每一次付出信任而没得到好结果,但每一次这样的经历就是一次考验,考验人愿不愿意继续信任。

我个人的"信任损益表"曾经赤字累累,惨不忍睹。但我一次又一次地带着所剩无几的资本,给自己、给别人、给命运,继续付出信任,最后终于学会了用信任创造双赢,让损益表全面翻转,把信任变成了人生最大的资产。如今的我会说,信任像聚宝盆,你想要多少就放进多少,它永远加倍奉还。

马云想必同意我这个说法。事实上,他的传奇事迹,不但发人深省,而且打破了不少疑惑。许多人误以为成功是向外求,有公式、有方法、有窍门,但马云的故事说明了成功要在自己身上找。他找到的是信任,并把它发挥到极致,成就了一番事业,还能潇洒交班。

大道至简,岂不然哉!岂不然哉!大丈夫亦若是。

学"助人"

助人是人生的大功课,我这门功课一向学得差,直到最近才有些体会,愿在此与大家分享。

先说说成绩单吧。我助人的绩效,一言以蔽之,几近于零。最常发生的现象有三种:其一,某人带着问题 A 来找我,后来发现是问题 B;解决了问题 B 之后,才看到问题 C 更严重;不对,问题 D 才是关键,最后问题 A、B、C、D 缠在一块,忙了半天,仍然无解。其二,帮某人解决了某个问题后,过了一阵子,他又带着同样的问题来找我,如此一而再,再而三,没完没了。其三,某人带着某个问题而来,说这是他唯一的难题,如果解决了就雨过天晴,结果难题处理了,他仍然水深火热,一点也没好。

可想而知,这样的"助人史",相当乏善可陈,既不光荣,也没乐趣,更无成就感。说得直接点,连感受都没有,只能用"一无是处"来形容。

经过反省后,我发现原因不外乎两点:第一,来求助者,通常不知道真正问题之所在。正如一位大师所言:"他们害怕的不过是条绳子,而他们认为那是一条蛇。他们的受苦不过是噩梦,痛苦都是虚假的。"这样的忙要怎么帮?第二,我自己助人的起心动念多半都是心软、应付、讨好、内疚、逃避、责任、应该……既不够真,也不够深,怎么可能有好结果呢?

我还看到了一件事,就是帮人忙是为德不卒,很可能耽误了人家。就像是孩子功课不会做，跑来找父母，父母不可能帮他把功课给做了。因为帮他做了，他自己不用做，就永远不会做了。父母不会这样对待自己的孩子，因为有爱，所以用心。而我们竟然会如此对待求助者，真是不用心到极致。

我如今了解到，凡发生的事都是人的功课，人只有通过做功课，生命才能前进；只有生命前进了，同样的事才不再发生，即使发生也不再困扰或烦恼。而且，多数造成麻烦的事情，都已经是"结果"，通常"原因"都不在这些事情里，而在更深的源头处。只有带着自己回到源头处，"结果"才会消失。

有了这样的了解，我明白真正的助人只有不断地修炼自己，修炼自己的起心动念，修炼自己的生命境界。除非你的生命境界能在别人问题的源头处，你的起心动念是出于爱，你的生命能量足以转动别人，否则很难真的帮到人。

助人是一种很深的修行，修到好时，求助者和施助者同时转动，其实已分不清到底是谁在帮谁了。最重要的指标是求助者和施助者都彼此感谢，而且愿意把这样的缘分继续传递给别人，如此才真正"助不带业"。

以上是我的学习感受，千万别误会我已经做到了，只不过提出来共勉罢了。

学"不计较"

我一向自诩谦谦君子,不介意吃点亏,而且颇能"大人不记小人过"。

直到若干年前,通过觉察的修炼,我才发现这表面的君子内心深处却藏着一个小人。当君子大而化之、事过则忘时,小人就拿起小本子,用自己的一把尺,记自己的一本账。若"某人"居然一犯再犯,小账本里记得密密麻麻,小人就会把账本摊开,一直念:"已经仁至义尽,真是够了!"这时候,"缘分到此"的念头就会油然而生,"某人"也会不知不觉地变成"拒绝往来户"。

这个过程十分隐秘,操作多年后,已熟练到神不知鬼不觉,才让我理所当然地自认为是个不计较的人。可想而知,当我逮到这个"小人"干的这些勾当时,简直不敢相信,震惊不已。

正因为一切都遮掩在"不计较"的冠冕堂皇下,这个深藏不露、暗地计较的小人,行事既鲁莽又粗糙。他经常"秘密审判",从不搜证,不传当事人,就自行宣判"微罪不起诉",记"前科"一笔。待前科积累够了,又自行加重刑责,仍然不容辩解。

这一秘密进行的勾当,显然距我平日行事准则甚远,不必怀疑,多年来累积的冤假错案罄竹难书。不知多少的人生缘分因此断送,最大的受害者说到底还是自己:我居然活成了一个计较的人,还浑然无知。

一个暗中计较的人表里不一,造成生命能量的无谓消耗,无法自在畅快地生活。一个计较的人，与他人总保持距离，不仅错过了人间的缘分，同时也错过了自己的功课，活成自我设限的人生。

我看到自己的计较后，当然就开始做功课。首先，锁定那计较的"小人"，每逢"我不与你计较"的念头出现，往往能活捉这个小人又在偷偷记账，立即加以制止，并勒令交出账本，付之一炬。这么做后，"破案率"日渐提高，那小人也慢慢安分起来。其次，一有空就重审过去的冤假错案，该认错的，该赔偿的，尽量去做，至少在内心为它们平反。最后，我终于能"平等对待"那些被我认为"很计较"的人，不敢再以"非我族类"视之。

自从做了这些功课，我觉得自己和他人更有缘分了，活得更真实自在了，还看到了不少过去看不到的人生风景。真是值了！

学"记名字"

我有很多毛病，记不住别人名字是其中之一。

我当然知道有些人很善于记住别人名字，几近于特异功能，也因此博得好人缘，好处不少。但我仍不屑于效法，认为这些人一定是基于什么目的，必须用此"雕虫小技"收揽人心，活得未免太辛苦，故我仍是"壮夫不为"也，何况，这根本就不是我的强项。我甚至还找台阶下，觉得有些人在我眼前晃来晃去，居然没让我记住他们，一定是他们太平庸、太没特色，只能怪他们自己。

近年来，遇见一位我很佩服的人，他不为任何目的，只因为关心人，就记得很多人的名字。不仅是名字，还包括他们所说过的话、所做过的事和相遇的因缘种种。看到这样的高人，我才知道自己原本的习性简直"其心可诛"。

原来在"记不住名字"这"小毛病"的背后，有一个如此傲慢、吝啬、懒惰、狭隘的我，居然把有缘相遇甚至福祸相倚、默默付出的人，都视为人生旅程中的陌生过客，生怕不小心记住了他们的名字，就卷入了别人的人生，打扰了自己的旅程。原来我如此"目中无人"，所以才把自己变成了过客，永远回不了家。

有了觉察，生起了惭愧，当然就得改。习性深重，欲改不易，首先得"转念"。我于是开始练习，不再把任何人视为过客，而全部视为家人。家人能于此生相遇，就算一面之缘，从此各奔东西，也应格外珍惜；家人能再度相聚，彼此打一声招呼，交换一个眼神，也是一种幸福。

自从转念之后，这两年来，算算我好像多记了几百个人的名字，自觉颇有进步。但日前遇见一位朋友，才知道自己还差得太远。

这位老兄生意做得不错，公司有两千余位员工，但他原本只叫得出几十位员工的名字。他受到我所佩服的高人影响后，开始学习"关心人"，短短几个月，他就能叫出八百多人的名字。在这个过程中，他听到了许多原先听不到的话，看到了许多原先看不到的问题。下定决心，着手整顿一番之后，他如今每天进公司都像回家一样，有着被家人需要、为家人付出的热情和自在。他的事业不再只是赚钱工具，员工也不再只是工作伙伴，而他也蜕变为一个"回家"的男人。

重点当然不仅是记名字，而是对待别人的起心动念。你待人如家人，你就在家；你待人如陌路，你就是过客；若人经常都是过客，这一生就算没回家，这世界也不是他的家。我如今了解什么叫"天下一家"，这与别人无关，只与自己有关。你心中容得下多少人做家人，你在这世上的家就有多大。至于我呢，就从再多记几个名字做起吧！

第三部分 修炼的智慧

——教出好子女,不是靠资源和条件,而是靠德行。

第 7 章 家庭的修炼

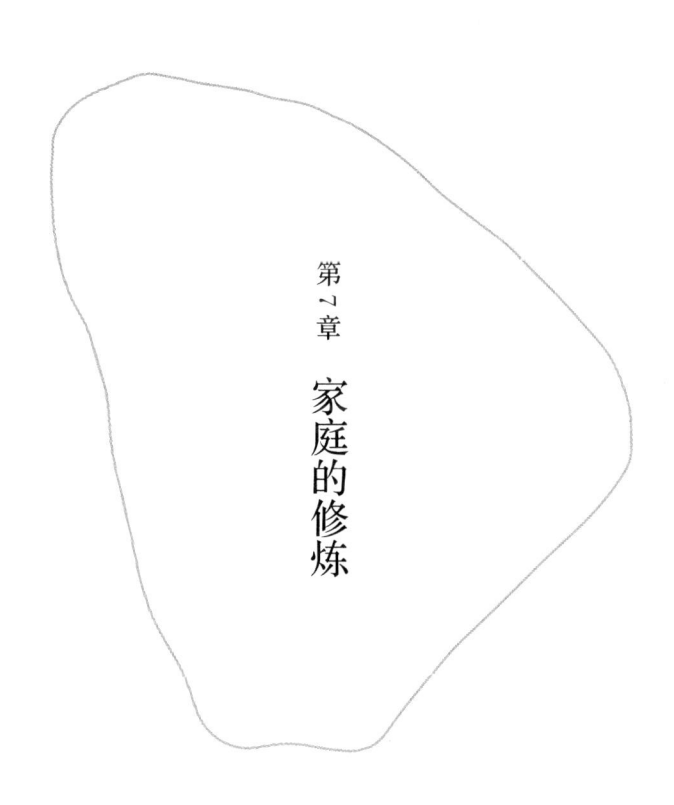

善根

我曾在探访母亲乡下老家时找到一本族谱,记载自明初洪武年间,迄今六百余年,绵延二十几代的血脉传承。

由于我自幼孤儿寡母的身世,加上母亲已过世十余年,在思母心切下获此族谱,自是感慨万千,急于在族谱中探寻母系先祖的故事。

无奈族谱记载甚为简略,除了少数几位进了太学的,少数几位当了州县小官的多写几句,一般的标准规格是:某某的第几个儿子,生于何年,殁于何年,葬于何处,娶某氏为妻,生子女几人,如此而已。若无子嗣,则写"无传"两字,为血脉中的这一支画上句号。

翻阅着一册册的线装书族谱,上面写着数以万计祖先的名字,每人一生数十载寒暑,却只留下短短几行字,不禁感慨万分。好像手上捧着生命的历史长河,静静地流了几百年,却什么都没发生。人生的意义,究竟何在?

翻着翻着,终于醒悟,人生没有意义,只有生死,只有绵延。能活下来,能传下去,本身就是意义。

我浏览了一遍,六百余年间,祖先的埋葬地不过方圆数里间。每家每户,赖以为生者,不过几亩薄田,一洼水塘。数百年间,战争、饥荒、水灾、干旱……不可避免。这期间,有人生养了十余个子女,却一两代间,全数无传;有人独子单传,却于数代之后，繁衍子孙众多。

族谱并没有记载其中发生了什么故事，因为他们大多数人是平凡的农夫。但生命的长河本身就诉说了一切：那些能历经数百千年天灾人祸传承下来的生命，都是合于天道的，都是有德行的。最基本的八个字，就是"勤劳朴实、顺天应人"，因为在长时间天灾人祸的考验下，做不到这八个字的，不是活不下来，就是传不下去。

体会到这一层，我终于了解"善根"是什么意思了。大自然用洪水猛兽考验人，人用齐心协力通过考验，历经千万年，仍能活下来、传下去的，都在遗传基因中具足勤劳朴实、顺天应人的"善根"。凡人能被生下来，就有此善根；若善根未能发扬，不是因为没有，而是因为被遮蔽、被污染了。

现代社会科技、商业发达，人为造作无所不在，不免令人纳闷，长此以往，人类数十万年经大自然试炼而来的"善根"是否仍能绵延彰显？

在这个问题上，我是基本教义派。每当有年轻人问我：未来世界瞬息万变、不可捉摸，要如何安身立命？我怕"顺天应人"这四个字太深奥，难以领会，就改了一下这八个字送给年轻人：勤劳朴实、善解人意。我说，未来这样的人太稀有，任何老板看到了都会两眼发亮、用心栽培的，不愁没出路、没发展。

母亲的"苦肉计"

我一直认为自己是个特立独行之人,凡事都搞自己的一套,几乎不受别人影响。因此每当有人问我"什么人或什么人说的什么话,对我影响最大"时,我往往想不出来,只好找些名人名句来搪塞。内心却总认为,谁说的哪句话能影响我一生?不可能!

直到 2010 年,通过名师的引导,重新整理自己的一生,我看到自己之所以变成现在这个样子,是受到哪些际遇、习性、行为、念头等的影响。一路溯源而上,赫然发现,真正影响我一生的只有一个人——母亲!

我之所以用"赫然"两个字,是因为过去一向不认为如此。我打出生就是没有父亲的"遗腹子",因此母亲同时扮演"严父"角色,施行"棍棒底下出孝子"的教育,造成我早熟式的叛逆。面对我这个不受教的儿子,没读书、不识字的母亲,哪能影响我一生?所以我这辈子一切都靠自己来。这就是我过去的想法。

长大后,读了几本教育心理学的书,甚至还沾沾自喜,庆幸自己在母亲如此"不合理"的教育方式下成长,居然还没有变坏,还事业小有成就,还懂得反哺尽孝,真是太不容易了。不用说,我有这种念头,当然就只能活出"表面谦虚,实则桀骜不驯、目中无人"的样子了。

我如今看到的是:自己能有这样的一生,完全是母亲"苦肉计"全面奏效的结果。她是真正的大师,以肉身布施,成全了我。

若不是她，根本就不会有今天的我。

母亲影响我的策略是这样的：她从来不放弃任何机会证明并说明，造成她苦难而屈辱一生的唯一原因，就是没有读过书；她人生唯一的寄望，就是她的儿子（我）能读好书，为她扬眉吐气；她从不放弃任何机会，用强有力的行动和恐吓的言辞向我证明，不好好读书，我的人生会立刻坠入地狱。母亲的名言是：学问（本事）装进肚子里，别人抢不走，是真的，其他都是假的。

母亲说到做到，她真的用自己一辈子的苦，来证明一个没读过书的人就只能活成这样。她当然也成功了，让我这个打小淘气、叛逆、花样百出的小孩，从来就不敢在读书这件事上松懈，也不敢在学本事这件事上放手。

想起母亲用自己一生的"苦肉计"成全我，而我只不过活成这副德行还沾沾自喜，真是无地自容啊！

有了这样的了解，我对一个人如何影响别人、如何被别人影响，当然也有了不同的认识：重要的不是你讲了哪句话，而是你讲那句话之前之后，你自己做了什么，又对别人做了什么。只有当这些持续性的、出于灵魂深处的、带着爱的能量的"做"与"说"完全吻合时，那样的"说"才具备真实的影响力。除此之外，根本毫无影响力可言！

"贵人"正解

友人送我一套曾仕强教授谈胡雪岩的影碟，其中有一段话让我深受启发。

众所周知，胡雪岩一生遇贵人无数，是他白手创大业的主因。曾教授问，谁是他一生中最大的贵人？一般人都会说左宗棠、王有龄。但曾教授的答案与众不同，他认为，胡雪岩的母亲才是他最大的贵人。

胡雪岩少年丧父，母亲不仅含辛茹苦地抚养他，并且以身作则，不时叮咛他做人的道理，让他终身受用无穷。譬如，母亲教他"不是你的东西，不要拿"，而他正是因为拾金不昧，才有机会从牧童变成了粮行伙计，开启了他走向"红顶商人"的第一步。其后人生历次转折，率皆如此，总离不开母亲教他的做人道理。

曾教授认为，财富和机会都是双刃剑，水能载舟，亦能覆舟，因此带给你这两样东西的人，并不一定就是贵人。但是做人的道理却有益无害、用之不竭，能带来这种宝贝的，才是真贵人。

曾教授的说法，其理至深。但在真实人生中，这样的贵人并不常见。因为讲人生道理容易，但要听得进去难，听了之后信受奉行更难。要达到听而能信、信而能行的效果，这讲道理的人，非得是"贵人"不可。这样的贵人，必须具备三个条件：其一，有无条件的爱；其二，有无限的耐心；其三，能树立榜样并能潜移默化。

中国的古训：幼儿养性，童蒙养正，少年养志，成人养德。能在人的一生中最适合养性、养正、养志、养德之时，具备前述三个条件而成为"贵人"者，除了母亲还有谁？无怪乎曾仕强教授说，绝大多数人一生的第一个贵人都是母亲，可惜许多人忘得一干二净。真正的"祖上积德"，就是有个明理的母亲，而且子女懂得领受。

推而广之，曾教授这"贵人论"，当然也可用在企业领导上（请注意，我没说管理）。领导的精髓，就在于要做员工的"贵人"；领导的前提，就是先领导自己；能够被领导，则等于做了自己的"贵人"。

而一般人，如果"祖上无德"，错过了母亲这个大贵人，日后还想遇到贵人，就得靠机缘。我认为，机缘主要有两个：其一是遭逢重大挫折而知悔悟时，其二是立大志向而知不足时。善于领导者，必定懂得利用机缘，挫折可遇不可求，立志却能因势利导。因此，立大志、知不足，就是做自己的贵人。能自贵者，人恒贵之，是贵人之大道也。

怎样教出好孩子

一位白手起家的朋友和我分享他的故事。他事业有成，生活多彩多姿，太太常教育儿子要以父亲为楷模，无奈儿子却无心问学、无所事事，父子关系犹如一个屋檐下的陌生人，让他十分懊恼，却无计可施。

后来他经过一番学习，突然认识到，自己家门口停着价值千万元的跑车，过着优渥的生活，叫儿子如何生出奋斗的动力？自己事业如此成功，太太又整天叫儿子学父亲，但在如今的社会环境下，儿子究竟有几分机会追上父亲？会不会恰巧是儿子既无需要又没机会赶上父亲，所以才变成这个样子？原来，这一切都是自己造成的。

这位朋友后来决定卖掉跑车，把公司交给别人经营，空出时间投身公益做义工。如今父子俩变得无话不谈，儿子似乎也找到了自己的人生方向。

这位朋友的故事，让我想起了另一位朋友。他出生在贫瘠的渔村，父母一无所有，含辛茹苦地抚养十个孩子长大。他自小看到父母的艰难，立志要改善家族窘境，如今成为大家佩服的专业人士。年前，他父亲过世，他带着儿子办丧事，告诉儿子："我这一生最大的骄傲，是能做你爷爷的儿子。"

这两位朋友的故事，似乎是我们这个时代的缩影。我们的上一代身处如此匮乏的环境，却能养出远比他们本身更有成就的子女，并且赢得子女的尊敬；我们这一代人拥有这么丰厚的资源，却很难培养出和自己一样的子女，甚至还得不到子女起码的敬意。至少在教育子女这件事上，我们比上一代人差太远！

为什么？到底发生了什么事？

答案也许出人意料的简单：我们是看上一代人吃苦长大的，下一代人是看我们享福长大的。我们这一代人，很容易因成功而自鸣得意，因条件优渥而树立不好的榜样，欠缺了上一代人的谦逊和朴实，这就是问题的症结。教出好子女，不是靠资源和条件，而是靠德行。答案再清楚不过了。

我那两位朋友，一位看到子女的苦是自己造成的，一位看到父母的苦成就了自己，他们都是时代的先觉者，值得大家学习。

事事关心而不担心

负面消息不断时，常引起许多人患上"担心症候群"。症状严重者，甚至家事、国事、天下事，事事担心，以致惶惶不可终日。一般的看法都认为担心是由"关心"引起的，关心而不得其解，乃演变为担心。是不是真的如此呢？我倒有些心得可以分享。

我个人对"担心"这件事，算是有些体验，因为我的母亲，基本上可称为"担心专业户"。从我幼年调皮，她担心我这辈子都毁了开始，直到晚年她还担心家里每个人，终至患癌过世。我没有智慧转化她的担心，是我最有悖于孝道之处。

至于我自己，当然不可避免地传承了母亲的这一特色。但我是男子汉，当然不屑为身边小事担心，于是顺理成章忧国忧民起来。尤其是身为媒体人，忧国忧民还可以变成专业、赢得认同，更是让我乐此不疲。

直到近几年，我才认识到，担心（或忧心）其实与外在发生的事情无关，只与内在生命品质有关。担心所反映的是人内在的执着和缺乏信任，因而转化为对自己的担心，表现为对别人、对社会、对世界的担心。

有了这个了解，就知道担心并非关心的进阶版，而恰恰是反义词。因为与担心正好相反，关心是一种放下自我后才可能产生的能量，它带有对自己、对他人、对世界的信任。

从结果来看，担心和关心更是天壤之别。简单说，担心是一种负面能量，对担心者和被担心者都有害无益，它带来的是压力和负担；关心则是一种正面能量，对关心者和被关心者都有益无害，它带来的是温暖和支持。

担心还很容易养成习惯，会上瘾，甚至演变为强迫症，乃至身为父母则担心子女，身为老婆（老公）则担心老公（老婆），身为主管则担心员工，身为国民则担心国家，身为人则担心世界、宇宙……没完没了。

担心还会产生"自助效应"，担心日久，终于"心想事成"，不是所担心之事真的发生，就是把自己弄得病痛缠身。除此之外，担心还会传染，一传十，十传百，最后导致整个社会都生病，不衰也难。

我自从看明白担心为祸如此之深又如此无所不在以后，就时时保持警觉，每有类似念头或情绪升起，都会立刻分辨到底是关心还是担心，确认是关心就放行，有担心嫌疑者，马上循线追查，看它从何而来，必在源头处"缉捕元凶"才罢休。

这么做了一段时间后，我发现和自己、和别人、和世界都更能相处自在，受益无穷。把担心时时放下，把关心时时提起，最后做到家事、国事、天下事，事事关心而不担心，这才是值得大家一起追求的境界。

童蒙养正

常有幸听到别人的故事，听到我恍然大悟。说故事的人，多半早已成家立业，有的儿女成群，有的事业有成，看起来都多彩多姿。但我发现，他们的人生剧本，尤其是主戏和主角的"定装"，早在童年就写好了，而且"剧本"逃不出下列几类。

逃家：童年就觉得自己家庭不够好，外面的世界更有意思，一直想往外跑，因此即使自己成家后或加入任何组织后，都忍不住继续想逃。

主持正义：觉得父亲对母亲不好或母亲对父亲不好，忍不住想站出来"主持正义"，成年后仍然四处主持自己的"正义"，好事和坏事都因此而来。

不被爱：小时候感受不到父母的爱，长大后也觉得配偶、儿女、亲朋好友都不爱自己。

不公平：小时候自认没有被公平对待，一辈子都觉得别人对自己不公平，非常在意"公平"这两个字。

抱怨：小时候觉得自己命不好，别人命比较好，因此一辈子都嫌自己命不好。

以上举例比较偏负面，正面的剧本大家可以类推。但总而言之，剧本类型并不多，表面上五花八门，追根究底，不过就这几类。

这些故事，我听得冷汗直冒，因为在别人的故事里看到了自己的一生,看到了自己个性和习性的来由,有如按图索骥,简直神准。由此想起中国传统教育里的"童蒙养正"四个字,再也挥之不去。

原来我们在童蒙时期(大约三岁开始),心中的念头竟是如此强大,强大到足以影响一辈子,而当事人却浑然不觉。最重要的是,不是我们童年发生了什么事,而是我们当时怎么想。

童蒙时期,正是孩子脱离全然"用心"在活,开始练习"用脑"看世界的阶段。通常孩子快乐时是不"想"的,不快乐才开始"想",而且"想"和"感受"合一,特别有力量,"想"了几次后,就变成真的了。如果把"想"说了出来,受到打压,通常会把"想""地下化",进入深层意识,人生剧本于是成型。

有了这样的反思,再看到当今教育对"童蒙养正"如此的无意识,对诸多现代人生的悲剧,深觉因果了然。

还好,根据我个人的经验,"童蒙养正"这一课题是可以补的。对自己,可以先不忙着卖力演出,停下来想想自己的人生剧本究竟是怎么写的,回到源头处,修修剧本再出发。对下一代,可以用陪伴和提醒,帮他们找到烦恼来源的"念头"。"念头"有一样好处:如果你清楚地看到它,把它和清明的感受联结,它就自动"正"了。

从"家族业力"中解脱

有许多人带着各种问题来找我,从夫妻、子女、人际关系、健康、金钱到事业,不一而足。经过抽丝剥茧,我发现问题的源头,总和原生家庭脱不了干系。

曾听一位老师说过,一般人若无觉察反省的功夫,大约人生的百分之七十都活在"家族业力"的纠缠中,顶多只有百分之三十的空间可以活出自己。这种说法和我的经历及观察差不多。

所谓家族业力,主要反映在受父母影响的成长经历中,包括代代相传的集体意识、价值观、行为模式、性格特征等,最后转移到人身上,成为命运主旋律。这些业力,有些是资产,也有些是负债,必须有意识地清理和研习,才能完全继承资产或从债务中解脱。

在我的理解中,清理家族业力,主要有三把钥匙:接受、尊重和感恩。接受父母的全部,尊重父母的命运,感谢从父母那里得到的一切,而且要谨守下对上的分际,不逾矩,才能毕力尽功。只有接受和尊重,才能从家族业力中解脱,不受债务缠身;只有感恩,才能承受家族资产,带着祝福活出自己。

清理家族业力的重要性,超乎一般人的想象。许多人的健康、关系和事业发生了问题,总往外找原因、求药方,却看不到问题出在自己的内在意识和行为模式上,当然更看不到家族业力的巨大影响。但我亲眼看见许多人通过接受、尊重和感恩,圆满父母关系后，人生也全方位脱胎换骨。样本众多，真实不虚。

在我自己身上，也有一段特别的经历。我父亲在母亲怀我时意外身亡，故我自小无父。近四十岁时，我才通过各种缘分，回到父亲出生的老家，认祖归宗，并略尽绵薄之力照顾先父老家亲族。这事发生的当时，我正值人生谷底，诸事不顺，无一安顿。但时过境迁后蓦然回首，发现自己人生由谷底翻身，恰巧就始于认祖归宗之时。冥冥之中的巧合，于我自是感受良多。

从未见过生父的我，要如何面对呢？我能做的不多，只有"接受"自己有母无父的人生，"尊重"父亲英年早逝的命运，"感谢"父亲人生的缺席，让我可以全然地活出自己！通过这样的清理，我对父亲尽孝的方式就是连接父亲亲族，把父亲放在心中重要的位置，并设法让子女也把他放在心中重要的位置。

中华文化以孝道为核心，是对人生的深刻理解。孝顺中的"顺"，就是接受、尊重和感恩，是面对家族业力的大功课。这功课不好好做，极可能业力缠身，没机会活出真正的自己。此事干系重大，不可不察！

成为你的样子

常有朋友抱怨，家里的孩子难沟通、很叛逆。他们的说法通常是："明明有道理的事，又是为他好，他偏偏不听，真不知该怎么办。"这种说法我再熟悉不过，因为小时候长辈们就是这么说我的。

如今我劝朋友的说法是：也许你该想想看，他是否感受到你的真爱？他想不想变得和你一样？如果有一个人，你不想变成和他一样，又不觉得他真心爱你，他对你长篇大论，叫你做这做那，你会听他的吗？答案再清楚不过，不用怀疑。

同样的情境，搬到职场也通。有些主管认为"90后"的年轻员工既难沟通，又叛逆，企业高管对他们如临大敌、束手无策，称他们为"史上最难管的一群人"，这和多数人家里发生的事不是很像吗？

在北京创业、当年二十五岁的娄楠石说过："现今社会太缺乏爱，我想把自己的公司变成很有爱的组织。""如果我们这一代做得比较好一点，或许可以改变上一代的一些氛围。"

看到了没有？年轻人看到上一代不懂得"爱"，也不想变成上一代的"样子"，因此想用他们的行为来改变上一代的我们。有关家庭的一句名言是"孩子是父母的镜子"，放在企业也适用，但可以改为"员工是老板的镜子"，尤其是"90后"的年轻员工。用感恩的心向孩子学习，是父母最该做却很少父母做到的事。企业领导和管理者也一样。

年轻人不想变成我们的样子，提醒我们该看看自己到底成什么样子了。有关这件事，谈细节会引起太多争论，我建议直接谈底线："人能在地球上活多久？"所以命题只有两个：其一，如果我们照上一代的方式活，能在地球上活多久；其二，如果下一代照我们的方式活，能在地球上活多久。答案应该争议不大：如果我们按上一代的方式活，或下一代不按我们的方式活，人都能在地球上活更久！

谁闯了大祸，谁该向谁学习，难道还不清楚？当今世界的当权者，比过去一代和下一代人都更不懂得爱，不够爱自己，也不够爱别人，更不够爱地球。然后大家居然在抱怨"下一代很难管理"，在研究"如何领导下一代"。

别闹了，领导和管理者最需要改变的其实是自己。开始惭愧，开始反省，开始学习，开始虚心接受"被领导"！除了赎罪和改过，我们其实没别的事可做。也许有一天，当组织里的年轻人开始觉得你付出了真心，开始觉得"变成你这个样子也不错"，他们就会和你在一起了。

从进食顺序开始

有朋友来家做客,因与我女儿相熟,用餐时就要先夹菜给我女儿。女儿说,要爸爸先用我才能用。朋友很惊讶,我说这是家风。他说已经很久没见到有人这样教小孩了。这回轮到我惊讶了。

这种小事分享一下,也有个说法。记得我看电视台的动物节目时,动物学家在介绍动物社群关系,尤其是权力结构时,有一个相当重要的名词,叫作"进食顺序"。意思很简单,吃东西的时候,谁先进用,谁就是老大。这件事意义重大,弄错是会闯大祸的。

我对"进食顺序"的学习,来自母亲的家教。自我有记忆起,用餐时,长辈不坐下,我不能坐;长辈不拿筷子,我不能拿;每一盘菜,长辈没夹过,我不能伸手。这是"天条",若是违反,当场就得"吃梨颗"(头部遭重物敲击),因此根本连违反的念头都不会出现。

有关家教,进食顺序只是冰山一角。其他还有:伴行时要走在长辈左边慢半步的位置;入座时,要等长辈坐才能坐,长辈起身要立即跟着站起;有长辈从屋外进来,坐在屋内的我要立即起身;长辈说话时,不能眼望他处,也不能直视其目,要注视其脸下方的位置……总而言之,这些全是母亲教的。

母亲出身乡下,没读过书,不认识字,我想她教我的,一定也是她小时候在家里学的。可见当时的社会,无论城市、乡间,无论受过什么程度的教育，这是做人起码的规矩。这些规矩人传人，应该至少传了数千年，也叫作"伦理"。没想到在我们这一代，竟然就要失传。

回想起来，母亲教的"伦理"，对我一生还真是受用。我虽自少年起，就向往西方文明的多彩多姿，更喜欢讲道理，认为有理走遍天下，因此养成好辩的习性和桀骜不驯的个性。但由于家教已自小"内化"在我的行为中，使我的个性显得比较内敛。

最后的结果，是我在一些"恃才傲物"的优秀青年中显得比较有礼数，因此颇得长辈之欣赏。于是，自读书时代到进机构任职，再到合伙创业的生涯历程，我从来就不缺长辈级贵人。这样的幸运，多多少少来自母亲自小教导"进食顺序"所致。

我常听朋友说，"我们这一代，是孝顺父母的最后一代，也是孝顺子女的第一代"。他说这话的口气，像是有些无奈，还有些抱怨。我却认为，即使自己不需要，也要设法让孩子孝顺父母，因为这是孩子的需要，否则他们长大既不知感恩，又不懂规矩，一生都遇不到贵人，注定要辛苦。若是嫌教孝顺太沉重，就先从教进食顺序开始吧。

"父母难为"的根源

父母难为,是当今很多人的共同苦恼。

好像现代人越来越不知道该如何"为人父母"了。严管严教行不通,讲道理不管用,爱与包容又不知分寸如何拿捏,左支右绌,无所适从。甚至有些职场女性,为了陪伴孩子辞去工作,回家当全职母亲,结果还是弄不好,简直无路可走。

大家都说,现在的孩子活得很自我,还没到青春期就道理一大堆。他们的世界父母看不懂,简直就像外星人,活得比父母还"大"!

每逢这种时候,我都会仔细问这些"为人父母"者和自己父母的关系。结果发现,大部分人其实自己也活得比父母"大",而且对这种"大",往往无知无觉。

因为我们活在高速成长的时代,教育程度普遍高于父母,拥有的财富和成就高于父母,也自觉观念见识比父母"先进",和父母的关系,往往"孝"而不"顺"。大家虽然有意愿也有能力回报父母,却忍不住想用自己认为对的方式,企图改变父母,没有耐心听父母的教诲。

这种状况是自然发生的,表面上来看,也相当正常,因此很容易看不见问题所在。但若设身处地,试着从孩子的角度看就不难发现,副作用其实很严重。

孩子在成长过程中,看到自己的父母比祖父母厉害,还常常告诉祖父母该如何做，好像父母比祖父母"大"。他耳濡目染形成的念头，自然是"子女一定要活得比父母'大'"。这样长大的孩子，他们"效忠"家族传统的方式，就是一定要活得比父母"大"。而孩子处处依赖父母，他要如何活得比父母"大"呢？显而易见的出路就是寻求"外援"，从同辈团体和父母势力范围所不能及之处（通常是网络世界）获取资源，武装自己，以便活出自己的"大"。

孩子在意识深处想要活得比父母"大"，正是现代人"父母难为"的根源。解决方法只有一个，就是我们自己要活得比父母"小"。无论父母是什么状态，都要把自己的一切归功于父母，把父母放在上位，在父母面前把自己变"小"。这件事做不到，你的孩子一定会活得比你更"大"，难怪你没办法教。

因为时代快速变迁，现代人和自己的父母、子女好像活在三个截然不同的世界，"父母难为"似乎是宿命。但大自然的定律就是"父母大、子女小"，严守此定律，是唯一的出路。不这么做，就是自找麻烦！

尽孝即"进化"

在中华文化里,"孝"一直是最基本、最重要的品德。我年轻时,认为孝顺是应该的,也是自然发生的,但儒家文化把它搞得太刻意,强调得有点夸张。尤其是"天下无不是的父母",甚至于"以孝立国",似乎脱离现实。

直到近年来重习中华文化,听到名师的一句注解:孝之极致,是子女用自己的做到,圆满父母的"无不是"。这句话犹如醍醐灌顶,开启了我对中华孝道文化更深的体悟。

原来,父母当然有"是"、有"不是",但一个孝顺的子女,却必然能承袭父母的"是",弥补父母的"不是"。这样的子女,当然成就和德行都能超越父母,并且反哺及归功于父母,证明了父母的"无不是"。

若举国之民皆能奉行孝道,则为人子女者都洁身自持不逾越,发扬父母的优点,改正父母的缺点,国民素质如此之高,岂能不"国之大治"?"以孝立国"又何难?

进而推之,民族以"孝道"为核心价值,当其深入人心,并成为普遍行为准则时,等于是一种精神层面的进化论。若人人皆以"光宗耀祖"为念,岂能一代不比一代更优秀呢?

在自然界,繁衍养育后代,本来就是最重要的基因。因此父母养育子女,是天道,无须刻意提倡、教导;但子女孝顺父母,则是人之所以超越其他动物的进化观,必须标举为核心价值以发扬之。以孝道作为核心价值，其实是最具可能性并且效益最宏大的一种设计。因为一个不感恩的人，很难自助天助，很难成就圆满，而表达感恩最合适的对象当然非父母莫属。

以孝道作为感恩实践的核心，是最贴近自然规律的进化观。有了这番理解，我对老祖宗"一以贯之"的智慧佩服得五体投地，对自己孝道有亏深感惭愧；我更体会到，让子女孝顺，虽非自己的需要，却是为人父母者无法逃避的责任。因为凡人不知孝顺，必不知感恩；不知感恩，则人生难以圆满；欲子女人生圆满，必先教之以孝。

孝道传承，身教重于言教。最简单的方法就是孝顺父母，做子女的榜样。这里有一处不可思议的地方：大家都说孩子是未来的主人翁，因此倾全力不让他们"输在起跑线"上，却不知"教子莫如教学，教孝莫如侍亲"。越是爱子女，越应以孝顺父母为榜样，这才是为人父母之正道、大道！

最后再说一句，在当今世道下，为人父母者要靠"自力"教学，其实很辛苦。政府常提倡"幸福经济"，其实"幸福"不一定非"经济"不可。一个政府能让社会"孝道"抬头，人民幸福会加几分，值得好好想想。

——如果一件事，你自己不感兴趣，世界上就不会有人感兴趣；你自己不感动，世界上就没有人会感动。

第8章 职场的修炼

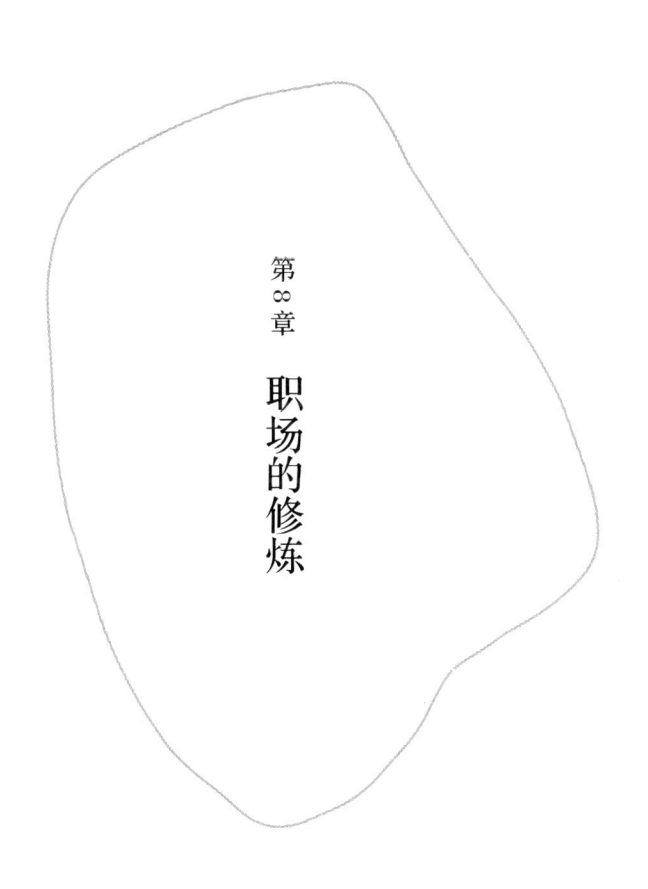

甘愿受，欢喜做

前阵子出差海外，九天行程从早到晚被排满，却在落地第一天就感冒。我心想不妙，因为接下来的八天，从早到晚都要在各地奔波主持活动，必须全神贯注，否则会辜负用心筹备的伙伴。

既已箭在弦上，只好自我转念：若是卧病酒店，一时半刻也好不了，不如豁出去，反正最坏的结果就是在活动现场不支倒地，那也算鞠躬尽瘁了。

心念已定，第二天就戴着口罩随大伙儿上路了。没想到，就这样从早折腾到晚，一天接着一天，感冒症状不但没有加剧，反而在不知不觉中消失。到行程最后几天，我居然又生龙活虎起来。

这次经历，让我有很深的体悟：原来生病也必须得到我的允许！就好比疾病来敲门，却发现主人不在家，忙别的事去了，它敲了许久门，觉得自找没趣，只好自己走开。那次以后，我出门办大事，再也不担心身体不适了。

我拿这个故事和朋友分享，他却质疑，说他身边有很多朋友非常投入地工作，却累出了一身病，身体都拖垮了，得不偿失。

他说的确实是普遍存在的现象。我于是搬出孔老夫子当救兵："发愤忘食，乐以忘忧，不知老之将至云尔。"我说，孔夫子这段话是现身说法，传授养生秘诀。人要健康长寿、青春永驻，必须发愤忘食，同时乐以忘忧。最好"发愤忘食"的那件事，本身就足以让人"乐以忘忧"，这就是"不知老之将至"的秘方。

朋友接着问：但是许多人的工作是为了谋生，或是满足别人的期待，那又如何乐以忘忧？

我说，重点来了。人工作当然有需求必须满足，但若只是为满足需求而不得不工作，就把自己活小了，自然谈不上乐以忘忧。所以"甘愿受，欢喜做"，才是一项重要的人生修炼。人要能欢喜做，关键是重新定义自己的工作内涵，从中找到对自己和他人的意义所在。有意义了，欢喜自在其中；若是已经尽力，却无论如何都找不到工作的意义，那就该换工作谋生了。

我一直相信，任何工作都和人的需求有关。但"事"只是缘分，让人有机会一起"做"，在"做"中能否找到意义，则取决于人的念头。念头对了，感受就出来了。一个人若能让自己做到发愤忘食，乐以忘忧必随之，"不知老之将至"的境界亦不远矣。

心真则事实，愿广则行深

最近在古书上读到两句话：心真则事实，愿广则行深，让我深有感受。

一般人"心"真不真，"愿"广不广，无从得知，但看他所做之事实不实，所行之踪深不深，知之过半矣。

我反思自己半生之行事，绝大多数时刻心都不够真，愿都不够广，以至于虚事、浅行塞满了人生行事之历程，非但自己白忙一场，还耽误了别人。

正巧近日对年轻人演讲，有人提问："你人生阅历丰富，什么事印象最深、收获最大？"我仔细想想，凡是记忆深、收获大的，毫无例外，都是当时自己的心相对比较真、愿比较广的情境。这才明白，其实发生的是大事、小事、好事、坏事都不重要，唯一重要的是：事发当时，自己的心真不真、愿广不广。换句话说，凡是自己心不真、愿不广的人生时刻，基本上都错过了，都白活了。

我自我检视，自己人生白活的时光至少占八成，也就是说，这八成的时光基本上对自己无意义，对周遭的人也无意义，甚至还造了许多不必要的"业"。如果把这八成的人生经历删除，非但不会有损失，甚至还更清爽一些。

基于这样的反思，我对"生命品质"有了新的定义。原来生命品质不在于功成名就，不在于光鲜亮丽，也不在于品味讲究，而在于"心真则事实，愿广则行深"。只有心真愿广，人生才算没错过，人才好好活出了自己的样子。

从这个角度观察，我也发现周遭所熟识的人，尤其是整天忙得团团转的人，多半也都"事虚、行浅"，"生命品质"改善空间甚大。探究原因，主要有二：其一，现代社会运作形态和生活方式都太过繁复，流行文化和人际关系造成"事虚、行浅"者互相牵扯，很难置身事外，不受干扰；其二，现代教育和职场学习都太偏重知识、专业和技能，有关"安身立命"的学习缺乏适当的环境。

环境的改变需要时间，学习却可立刻开始。心越用越真，愿越行越广，但心之用、愿之行，却非读书冥想、只身独行所能够完成的，尤其是身处现代的环境中和那些身居高位的人。

我自己也是多年前有缘遇到一群"心真则事实，愿广则行深"的人，能在好环境中学习，才打开了人生的一扇门，重启"人生学习"之路。看到自己人生百分之八十都错过，瞎凑热闹、白忙一场，忍不住想建议：你也很忙吗？早点学习人生吧，别再耽搁了！

离苦得乐的药方

最近常有朋友跟我诉苦：当老板的苦，做主管的苦，员工当然更苦，总而言之，大家都是苦主。看来大家共同的需要，都在"离苦得乐"四个字，却苦无药方。

我仔细问了一下每个人，为什么苦？原因五花八门，但总不外乎：想要的得不到，不想要的找上门；事情压力大，人又合不来。一言以蔽之，不如意！

我自己过去人生的苦，好像不比别人少。印象最深的是三十余岁创业初期，那种苦所带来的压力，是一种很特别的累，休息没用，运动没用，找刺激更没有用，可谓"无所逃于天地之间"，好像穿着一身让人极不舒服的湿衣服，怎么也脱不下来。那样的累持续了好几年，最后是怎么解除的？

当时在公司里，无论怎么折腾都没用，反正到头来都是做虚工，最后只好强迫自己从工作中抽离出来，躲进了山上的道场。主法老和尚说："你们这些人，放眼望去，只有两种境界：不是昏沉，就是妄想！"后来离开道场的时候，发现老和尚说的是大实话。

看到自己的生命状态，只是在昏沉和妄想两种境界中轮回，算是把苦的原因找到了。原来苦不来自外在环境中的人、事、物，只来自内在的妄想和执着，人被自己的妄想和执着绑架，无法如实与外在世界的无常相应，苦就是这么来的。要从苦中解脱，看来只能向内在找答案。

自那时起，我坚持培养自己每晚念经的习惯。诵经之时，虽仍妄想不断，但日久渐能看见妄念升起，犹如浮云飘过，不再抓取，只是观照。这样做了一段时间，感觉念头少了些、轻了些，不再牵动各种情绪，身心状态因此日渐放松。

带着这样的蜕变，重回工作岗位，发现自己看到的世界开始不一样，对各种事情的反应也和过去不一样了。我的世界开始慢了下来，更真实，更有感受，许多事也因此有了不同的结果。"无所逃于天地"的累日渐消退，生命的能量重新凝聚起来。虽然事业仍在困顿中缓步前行，但我的心却日益笃定，已从苦里解脱。

这一段人生经历让我受益匪浅。付出如此大的代价，经历了这么深的苦，我终于得到了离苦得乐的药方：先从事里抽离，回到内在跟自己在一起，再从自己的念头中抽离，找到那个更真实而平常心的自己。只要能这样，剩下的事自己会转化，不用再担心了。

我认为，凡是陷入职场轮回之苦者，这剂药方一体适用，没有例外。如果你可以不必像我这么苦，就能得到这药方的疗效，真是太幸运了！恭喜你！

像孩子一样

已过世的一位宗教界人士留下了生前最后一篇文章,令人震撼。

文中提到,他晚年重病缠身,因用药而夜半屎尿失禁,被男看护"如同训斥孩子一样……教训我这九旬老翁……将我九十年养成的自尊,维护的荣誉、头衔、地位、权威、尊严一层层地剥掉",终于见证了《圣经·马太福音》上说的,"你们若不回转,变成小孩子的样式,断不得进天国"(18∶3)。

《圣经》上的这句话我读过,但他用自己如此难堪的经历做见证,让人犹如五雷轰顶。

我倒认为,以他的德行和修持,其实早就"如同孩子一样"活在了世间天国中,他最后留下这段见证,是因为看到太多人执着于"荣誉、头衔、地位、权威、尊严",不可能"如同孩子一样",也很难进得了天国。出于大爱,他才用自己难堪的经历教化世人。

人生最大的功课,就是通过不断的努力,赢得荣誉、地位和权威(也包括财富),然后还能随时放下,像孩子般活在当下。能完成这门功课的人,不必等死后,生前就已经圆满了。

什么叫"如同孩子一样"?大多数成年人都忘记"能如婴儿乎"(《道德经·第十章》)的状态,但只要全然投入地和幼童在一起,进入他们的世界,就能体会到人我两忘、身份消失、心灵相通、活在当下、充满爱的能量的狂喜滋味。这种状态使孩子随时充满喜乐，随时将喜乐带给周围所有人，这也是星云法师所说的"给人欢喜"！

为什么成年人，尤其是有成就的人，这么难"如同孩子"？这位宗教界人士比喻："我穿戴的服饰太多太重……包装得一层又一层，以致失去了原形。"他又说："（成就）让人自满，扬扬得意，甚至成了追求的目标。"由此可见，让有成就的人放下"成就感"，正是"能如婴儿乎"的关键。

我辈凡夫俗子，很难像他一样这么有成就，同时谦卑若此。我愿提供几项指标，作为检视"如同孩子"的量表。第一，你能全然自在地陪伴孩子，进入他们的世界吗？第二，你常把工作中的你带回家，还是把生活中的你带入工作？第三，你经常在说，还是更常用心地听和看？第四，当别人视你如无名小卒、不假辞色时，你仍能泰然自若吗？第五，你能不追求任何目标，仍然觉得人生有滋有味吗？第六，你可以不需任何特定条件，就在日常生活中真心开怀吗？第七，你常感觉充满了爱，想要分享和付出吗？

做到以上七点难不难？越"如同孩子"越不难，越"不是孩子"越难。如果你觉得难，可能离"如同孩子"太远了。

每个人终其一生，内在都有一个永远不变的孩子，能和众生万物和谐相融，如在伊甸园中。只不过我们穿戴了太多世俗追逐的华服，让"内在的小孩"透不过气来，才离圆满越来越远。这位宗教界人士用他临终最赤裸的见证，把大爱和智慧留在人间，教我们怎么卸下太多太重的服饰，我们怎能无动于衷？

培养洞察力

成为卓越人物的必要条件是什么？如果只能选一样，我会说：洞察力。我发现，无论是政治家、企业家、学者、艺术家还是媒体人，各行各业，凡有成就者，必有洞察力，它是卓越人物的基本素质。

我对洞察力的认知，是能够穿透事物的表象，看到事物本质的能力。洞察力可能是天性的一部分，习惯成自然，但也可以培养。

当年我们初创《商业周刊》时，招聘了一批年轻记者，他们人生阅历甚浅。我要他们去读高阳的历史小说（尤其是《胡雪岩全传》），揣摩一下权势者的游戏规则，但还是有人说看不明白。

我教他们"说大人，则藐之"（《孟子·尽心章句下》），不要把企业看得太复杂，也不要把商业看得太高深，要像理解自己童年游戏般去理解企业。因为人从生到死、从小到老，做的不过就那几件事，图的不过就是那几种感觉，玩的不过就那几场游戏。

我常问，小孩子在玩什么？是不是玩着玩着就你一"国"、我一"国"，然后就开始我这"国"和你那"国"不一样，于是大家开始招兵买马起来，想办法玩得比别"国"热闹、比别"国"好玩。之后好玩的那一"国"越来越强大，想加入它就得准备更多的玻璃珠、橡皮筋来讨好孩子头儿。

我告诉年轻记者，当你走进一家企业，仰望高耸的大楼，走过昂贵的地毯，看过墙壁上的名画、权势人物的合影、穿着套装的秘书，最后见到老板，这些事物在告诉你什么？它们告诉你：我这"国"很热闹、很好玩，要跟我玩，代价可不低。

在谈判桌上呢？老板们总是闲聊，从来不热衷谈生意。闲聊中总是说，"生意太多做不完""太忙了人生也没什么意思"。这是在告诉你什么？还是那句话：我这"国"很好玩，代价可不低。最后，玻璃珠、橡皮筋堆得满桌子，老板们互相拍肩膀说"交个朋友吧"，就成交了。这整个过程和小孩玩的游戏有什么不一样？

我告诉年轻记者，人生从小到老都在玩那几种游戏，穿透表面五光十色、令人眼花缭乱的包装，本质不过是把捉迷藏换成了政治、商业，把玻璃珠、橡皮筋换成了权力、利益、名声而已。如果欠缺了这样的洞察力，很难当个好记者。

有洞察事物习惯的人，会随时回到自己最真实的经验、最坦率的内心世界，寻求对事物的理解。有洞察力的人，随时都在问：这件事的本质是什么？这句话的背后想表达什么？这个行为的动机是什么？这种现象后面的意义是什么？

我认为，洞察力不仅是成就卓越，同时也是人生幸福的根基。我猜测，洞察力的养成与童年经验密切相关，越能自主地体验多样环境变化的孩子，越有可能养成敏锐的洞察力。如果有人觉得自己洞察力不足，也可试着让自己"补过童年"：尽可能地打破一切条条框框，试着用童真的眼光、无所拘束的本性来重新体验世界，我相信一定会有效的，也是很重要的。

任性无解，觉性突破

在我的人生阅历中，学会了看人不仅要听其言，还要观其行；不仅观其行，还要见其性。从这样的了解中，我看到自己的人生为何数度陷入无解状态，也看到更多人陷入无解的缘由。

无解之人的特征，是他想要的和他愿意付出的相差十万八千里，但他却看不到；是他想要的 A 和想要的 B，根本不可能同时拥有，但他却不愿意接受；是他为了得到自己想要的，不惜一切手段，完全不考虑代价要由谁来承受。

为什么说这样的人无解呢？是因为他活在虚幻的自我世界中，你劝他，他不听；你帮他，他就缠上你；你不帮他，他就说一切都是你害的。无解之人，只有一味药可治，就是"苦果"！他必须吃够了苦，才能醒过来，除此之外，别无他法。

用最简单的方式形容无解之人，就是"任性"两个字；和任性相对的，当然是"觉性"。人世间是一所大学校，遭遇的挑战都是功课。做功课时，任性只能卡住，不断重修，觉性才能突破，更上一层楼。个人如此，由个人组成的团体和群体也是如此。所以社会面临重大挑战时，如果任性的人占上风，也会陷入无解状态。

个人的任性是业力，人群之间的业力会相互牵引成为"共业"。"共业"当然比"自业"更难修，所以才需要适合的游戏规则，以节制个人业力转移的速度和幅度。当社会公认的行为准则被打破时，业力不受节制地大转移，所有人都要承担其后果。无论"作为"或"不作为"者，皆不可免。

依我的经验，共业被打翻时，刚开始总是任性多于觉性，如果社会根底够厚，任性还没走到不归路，一股集体的觉性自会升起，带着大家冲破挑战，继续前进。

每一个人的内在都同时具备任性和觉性的因子，在共业被打翻的那一刻，如何带着觉性去行动，考验着每一个人。顺便提醒一句，行动更多的是在每个人的日常角色中！

以假修真（一）

许多人进入职场一段时间后，累积了一些成绩，生活无虞，就会失去工作动力，陷入职场倦怠，开始对遥不可及的"生涯愿景"心猿意马。

有人把这种现象称为"中年危机"，但贴上这类标签也于事无补，难道就这样无奈地度过余生？

我最近参加了一个"组织系统动力"工作坊，很惊讶地发现，居然大多数的职场困境都与当事人不自觉的惯性模式有关。而这些模式，多半来自童年经验和重大家族事件。

从"系统动力"的观点来看，中年危机其实是生存竞争压力的惯性模式终于浮现，才有机会被看见。从另一个角度来看，其实不妨称为"中年机遇"。当个人通过努力，在生存竞争中站稳脚跟后，终于有机会面对人生未完成的功课。

但在现实中，转换工作赛道需要承担巨大风险，若非意志超强，难下决心；即使真的做了，也未必能坚持到底。因此，做好内在的整理和修炼，才是王道。

一位经营者告诉我，他在数年前就开始对自己创办的事业意兴阑珊，因为他觉得自己在公司里提出的理想和愿景都是拍脑袋想出来的，自己都不入心，越讲越心虚，不想再跟别人说了。因此找种种借口，逃避和客户接触；还制定各类激励办法，希望团队把业务扛起来，却总难如愿。就这么拖了若干年，自己仍然陷在低潮和迷惘中。

他在工作坊中看见自己一生最快乐的时光,是童年和祖母的相处。祖母在乡下被称为"仙姑",总是无怨无悔地为人付出,而且活得极其自在,让人如沐春风。他发现,正是因为内心深处希望活得和祖母一样,因此常不满于自己在工作中的各种"不得不",但又无法下决心改变,最后陷入了拿不起又放不下的窘境。

他问我该怎么办,我给了他四个字:以假修真!我们都知道自己还做不到,还不是真的,还差很远,但我们的心还没死,仍然保持向往,还愿意"以假修真",这样就够了。

我建议他先不忙着转换赛道,因为现在的事做不真切,以后的事也很难成真,他不妨继续做现在正在做的事,同时转换成"事上练心"的态度。在工作中通过为人付出,不断修正自己,也许就能活出祖母那样的生命状态了。在事业上的笃定,对自己人生的满意,都是修炼出来的,而不可能是想出来的。

要把中年危机转化成中年机遇,换工作之前,先换一个新的自己。"事上练心,以假修真"这八个字,说不定就是良方!

以假修真（二）

日前和一群年轻人谈立志，我说大部分的志向都是假的，因此通不过考验，绝大多数会半途而废。人生真实而有力量的志向极为稀有，通常都来自深刻的苦难，故能"心真则事实，愿广则行深"，通过考验，成就事业。

有年轻人接着问我，若无机会经历深刻的体验，立不下"真"的志向，难道人生就不可能有作为了？

我说也不一定，并以自身经历说明：当初创业时，正值我人生低谷，因而一心以为鸿鹄将至，在没有准备好的状态下，做出超越自身能力的大胆决定，扪心自问，其实当时是一种逃避心态，起心动念完全不"真"。因为不真，当然事不实、行不深，难免纰漏百出，左支右绌，吃足了苦头，只能说是自作自受。

那么，后来又如何转败为胜呢？年轻人接着问。我回答：原因有很多，但大体上是"因假而制造了苦难，苦难到极致，不得不修出了真"。但真正的关键，在于"无路可退"四个字。因为闯的祸太大，大到收不了摊，大到继续"玩假的"身家性命都赔不起，终于逼出了"玩真的"志气。这叫作"以假修真"。

如今环境下，年轻人的原生家庭相对宽裕，要从深刻体会中发出真实而有力量的大愿，非不为也，实不能也。因此"以假修真"的功夫，就显得格外重要。

以假修真，就是你也不知道自己真的想做什么，目前正在做着的事也像鸡肋一样，食之无味，弃之可惜，而且还有一大堆不合理、不平衡、没意义、没乐趣的事发生，正在把你逼疯，但你仍然愿意假戏真做，在没乐趣中找乐趣，在没意义中找意义，尽己所能，认真地过每一天，想办法让人生不虚度。

能把假戏演到真，前提是戏必须继续演下去，演到山穷水尽，自然柳暗花明。当众人皆假我独真之时，戏码自然越来越真；若戏码演来演去还不真，至少你也演成了戏中唯一的真人，自有真戏来找你演，最后的受益人还是你自己。

不给自己退路，是"以假修真"的成功秘诀。现代年轻人的机会不多，退路倒是有很多，这正是以假修真难以成功的主因。对治之法，是要把目前正在做的事视为人生此刻的背水一战，斩断自己的退路，必须打赢这场仗，至少取得"战胜自己"的成果，再谈其他。

在人生每一场背水一战中战胜自己，把假的修成真的；不给自己留退路，路会越走越宽。能做到这些，算是"以假修真"的高手了。

"恢复正常"就对了

就我所知,中国台湾有相当比例的企业家不再热衷学习经营,转向投入"人生学习",因而衍生出一个议题:人生学习中的高妙境界,真的可以用在现实的企业环境中吗?

这个议题当然没有标准答案,但我愿意分享自己的所见所闻。

在我所接触的企业家中,当然有"把商业手段用到极致"的成功者,但也有不少"以真心待人作为唯一原则"的成功者,两者都不乏案例。所以就世俗的成功而言,在一定时间内,似乎"用脑"和"用心"并无轩轾。

但若把时间拉长来看,差别就很明显。那些"机关算尽"的成功者,往往越活越不快乐,有的靠吃药才能入睡,有的常梦到"外敌入侵"或"员工叛变",而且绝大多数都累到不行,并为接班人问题犯愁。他们的另一个共同特色是:家庭生活和人际关系很难圆满,围绕在他们身边的人都很辛苦。

但靠"真心相待"而成功的人,活得就很不一样。他们用一以贯之的为人处世原则对待事业,随着事业的成功,围绕在他们身边的人都能互相信任、彼此关心,越活越自在,越活越丰足。最后,事业上因为人才的成熟而开枝散叶,人生也因而圆满无憾。

为什么同样的"成功"而有如此差别?我忍不住想讲一则笑话。

有一个人生了病，以为自己是虫子，看到鸡就吓得落荒而逃。后来被送医治疗，治好了出院时，医生问他："你是人还是虫？"他回答："我是人！"结果没走两步，远远来了只鸡，他又吓得爬到树上。医生问他为什么，他说："我知道自己是人，但我怕鸡不知道。"

这就叫"人在江湖，身不由己"。有些人做事业，做到"忘了我是谁"，有些人偶尔想起了自己是谁，却又认错了别人是谁，或者害怕别人错认了自己是谁。就这么谁来谁去，最后谁也做不成谁。事实的真相是，大家都是人，没有人是鸡，也没有人是虫，只不过角色扮演太投入，弄到最后一群人都爬上树不敢下来。所以解决的办法只有一个：先让自己恢复正常，再想办法用不断的做到，让别人也恢复正常。

让自己恢复正常的不二法门是时常回到本心和初衷。在职场打拼究竟是为了什么？养家糊口是当然的，但除此之外呢？是有钱就非赚不可，有机会就非抓不可，无止境地证明自己比别人厉害，还是把职场当作修行道场，修炼出自己的人生圆满，修炼到令周围的人都欢喜得益？到底是为什么？值得大家想想。

把自己捐出去

世间荒谬之一是,一流人才一辈子拼命赚钱,然后由二流人才把他们赚的钱花掉。

这戏码的传统版是守财奴和败家子,现代版则换成了慈善家和基金会。通常是一位白手起家、成就非凡的企业英雄,在中老年时成立了公益基金会,交由"信得过"的人(二流人才居多)管理,在他生前、生后替他把钱花掉。这种"现代版"被大家传为佳话,但其颠倒荒谬,并不逊于传统版。基本的问题是:把钱花得好比赚钱容易吗?如果花钱并不比赚钱容易,那为什么是一流人才赚钱,二流人才花钱呢?

我认为,花钱其实比赚钱更难。

因为赚钱有游戏规则可循,有时还会时势造英雄,会赚钱只要有"才"、有"命"即可;但要把钱花得好,花到生生不息,花到利益众生,则非"才""德"兼备者不可。

全世界最同意我这观点的人,应该是股神巴菲特。巴菲特一辈子经营并累积财富,临老深恐他的财富将被二流人物滥用,踏破铁鞋无觅处,所幸冒出了个比尔·盖茨,能够心无杂念地把财产托付给他,让自己日后可以含笑而去。比尔·盖茨比巴菲特年轻一个时代,财富、声望和经营能力都不逊于他,而且人届中年即退居事业二线,致力于公益,这样的"公益继承人"只能说可遇不可求。也因为如此,天作之合的"巴比二人组"才能全球巡回演出，向富人宣传捐钱做公益。

这两位世界首富演出的戏码，我倒不认为是在作秀。我猜想，因为他们都是把投资和经营能量发挥到极致的厉害人物，内心深处一定都明白，自己的财富中有多少别人的"成全"，又带了多少说不清楚的"业力"。他们都知道，如果财富不好好运用，这一生绝对称不上圆满，只能抱憾以终，所以才兢兢业业地致力于此。

"巴比二人组"树立的典范是：一流人才用心赚钱，也由一流人才用心花钱，这才圆满无憾。我们芸芸众生，财富虽远不及"巴比二人组"，但典范仍可学习。

我认为最理想的做法是把人生分为上、下两个半场。上半场只要赚到可以无后顾之忧的钱，就可以随时把自己"买"下来、"捐"出去，不再为钱工作，只做有意义的事。如果你自认是一流人才，试问，哪有比"把自己捐出去"更大的功德呢？

要是你因故不便"赎身"，赚的钱又不少，那就学巴菲特，提着灯笼去找你的比尔·盖茨，求他帮你把钱花掉！全世界最会赚钱的人，已经用他的行动告诉你这是唯一的救赎了，还不明白吗？

人生实业家

把"人生幸福"和"企业成功"视为一体两面的最知名东方企业家，非稻盛和夫莫属。稻盛和夫是日本四大"经营之圣"唯一仍在世者，他所创办的两家公司（京都陶瓷公司、KDDI）都进入全球五百强之列，算是世界纪录保持者。

稻盛和夫的主要著作有七本，谈的全是"人生哲学"和"经营哲学"的不二法门。他认为企业的终极问题，最后还是回到"人"的问题上，很多企业家不能成功或成功之后又失败，都是因为没有达到对人的深层理解。他的知名语录如下：

要经营好企业，必须丰富自己的心灵。

我的成就，全部来自我的"哲学"。

最伟大的技巧就是超越自我的能力。

工作可使心灵满足：通过工作，可以发现人生新的意义。

今天，我仍然相信人生可以如我们想象的那么美好。

能够成功，最终要看我们深层意识里的欲望是否单纯。

我们公司的经营理念，就是提供给所有员工物质和心灵成长的机会，并通过我们的共同努力促进社会和全人类的进步。

只要你不放弃，就不算失败。

企业的成功之道，就在于制定一套放之四海而皆准的道德标准，并为大家带来快乐。

很像说教或布道吧。如果你认真读他的著作，就会知道他说的每句话都是他真心相信、认真实践，并且获得验证的，他是位不折不扣的"人生实业家"。

基督教的"自觉"，稻盛和夫的"内省"，其实都在讲同一件事。世界上最伟大的组织和创世界纪录的企业家都在告诉你：问题的答案不在别处，就在你心中；工作和人生不是两件事，而是一件事。而大部分与成功和快乐绝缘的人，却都认为工作和人生是两件不相干的事，发生的问题都在别处，不在自己。这就是一切差别之所在。

稻盛和夫自己的第一份工作，原先也非常不理想，他想辞职，却迫于家计负担而留下，只好"决定改变自己能控制的那部分，也就是自我。我决定转变工作态度，寻找工作乐趣，致力于研究，后来终于有了惊人的成果"。后来他回想，假如当初他起步时工作优渥安稳，也许就没有日后的成就了。

关键词当然是"改变自我"，它不仅是企业成功之道，同时也是人生幸福之道。做到了，你可以两者皆有；做不到，必然两头都落空。

"五随"人生观

朋友和我分享了一则故事,我觉得很好,分享给大家。

三伏天,禅院的草地枯黄了一大片。"快撒点草籽吧!好难看哪!"小和尚说。"等天凉了,"师父挥挥手,"随时!"

中秋,师父买了一包草籽,叫小和尚去播种。

秋风起,草籽边撒边飘。"不好了!好多种子都被风吹飞了。"小和尚喊着。"没关系,吹走的多半是空的,撒下去也发不了芽。"师父说,"随性!"

撒完种子,跟着就飞来几只小鸟啄食。"种子都被鸟吃了!"小和尚急得跳脚。"没关系!种子多,吃不完!"师父说,"随遇!"

半夜一阵骤雨,小和尚早晨冲进禅房说:"这下完了,草籽都被雨水冲走了!""冲到哪儿,就在哪儿发芽!"师父说,"随缘!"

一周过去,光秃秃的地面上长出大片青翠的草苗,连没有撒种的角落也泛出绿意。小和尚高兴地直拍手,师父点头说:"随喜!"

随时、随性、随遇、随缘、随喜,好棒的人生观,好美的生活态度,相信大家都心向往之。但随即升起疑问:这样的人生观能干大事吗?

《商业周刊》创办时,我邀好友 CoCo 为本刊画漫画,他也同意鼎力相助。我与同事商量,既然是《商业周刊》,当然该用商业漫画,于是我们每周选几则商业新闻,附上编辑的解读,发给

CoCo 作为漫画题材，CoCo 勉强同意了。这么做了几个月，同事不胜其烦，CoCo 不胜其扰，读者也说 CoCo 在《商业周刊》的作品不精彩，可以说"三输"，只好叫停。过了一年，我鼓起勇气再邀 CoCo，这次我说："请忘掉《商业周刊》，爱画啥就画啥。"这么一画二十余年，又省事又开心。这算不算"随性"？

《商业周刊》初期，我们每天都强调杂志的定位，大家一致同意，最重要的是为读者提供"有用"的商业资讯，但市场反应不好。有一次我们刊出一篇南部地产大亨的报道，我一位金融界的朋友打电话给我，说这篇文章读了"很有用"。我很纳闷，为什么一篇高雄地产界的人物故事报道，台北金融界的人会说读了"很有用"？朋友告诉我，做投资的重要工作，就是发掘"企业新星"，"企业新星"的所有事，包括他的成长历程、朋友、嗜好……都是"有用的信息"。这席话让我恍然大悟：原来什么事对什么人"有用"，是很难了解的复杂现象。这算不算"随缘"？

后来我对同事说，请大家忘掉《商业周刊》这四个字，忘掉"有用"这个概念。我告诉大家：如果一件事，你自己不感兴趣，世界上就不会有人感兴趣；你自己不感动，世界上就没有人会感动。在《商业周刊》工作，只要"随心如实"就行了。大家照做之后，我们连续成长了十余年，还创造了世界纪录——成为市场发行量最大的商业类杂志。

随性，随缘，就不能干大事吗？至少我认为并非如此。

你不妨回想一下，自己曾经走了多少弯路，吃了多少苦头，误会了多少次别人，让自己受了多少累，都与没做到这"五随"有关。

——要成为领袖,必须修炼一颗真心,千万别舍本逐末。

第9章 领导的修炼

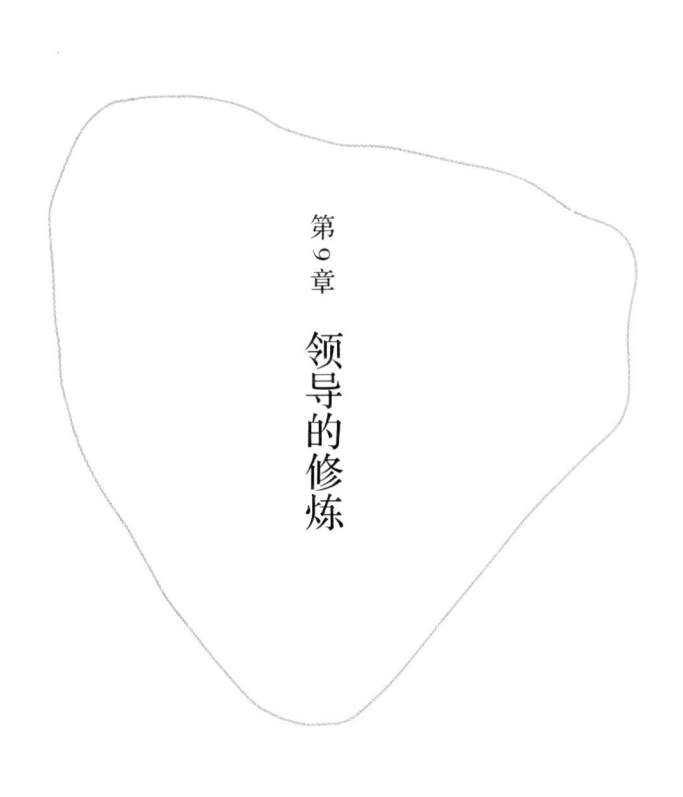

对"人"就不累

常遇到很多喊累的朋友,仔细听他们的故事,发现大同小异。

大体上,他们都是自负、责任心重、追求完美的人,觉得很多事要不是他们整日"盯着",就一定会荒腔走板。他们共同的遗憾是身边无得力助手可分忧,一致的口头禅是"事情永远忙不完"。

我自己也有累到身心俱疲的经验。那种累,是睡眠、运动、休闲、麻醉都无法缓解的累,累到无所逃于天地之间,累到不知人生所为何来……抽离出工作场所,花了一段时间沉淀、整理自己,向内探索,学习人生,再回到工作岗位后才不再累了。很奇妙的是,自从不累了以后,事业也一帆风顺了。

对这一段经历,我如今体会更深:第一,真正的累,是心累,不是身体累;第二,累的源头,不在别人,而在自己;第三,把重心放在事上一定累,把重心放在人上就不累了。

这一段体会,其实二十年前我就经历过了,但知其然而不知其所以然,因此无法运用自如。直到最近得遇明师,才参透其理。

为什么把重心放在"事"上会累呢?因为你如果只看见"事",没看见"人",其实你是在用脑,而没有用心。用脑用得好,你会越来越能干,陷入"能者多劳"的情境,结果就是,身边的人越来越没你能干,因此更多的事必须由你来承担,你当然就越来越忙。忙不一定累，但是你的忙用脑多于用心，因此只在生命的外围打转，事情或许有进展，但你和身边人的生命都无滋润、无成长，所以心一定累。

为什么把重心放在"人"上就不累了呢？因为你一直帮助身边的人变得更好，人都好了，就把事情都承担了，结果必然是你无事可忙。因为待人必须用心，你把心放在别人身上，自然生出慈悲和智慧。因为脑只会"反射"，心却会"共振"，常用心于人，你会在周遭创造出高振动的"心频"，回头也会带动自己。所以，把重心放在"人"上，或许也可能忙，却绝不会累。

如果一个组织的领导人能够把心放在"人"上，必能带动所有成员都把心放在人上，有了"灵魂"，就可以生生不息了。

体会到这层道理，我更对自己过去的所作所为深感惭愧，看到自己执迷于"事"，卡住了自己，耽误了别人。

如果你也觉得有点累，我有两个建议：第一，从现在开始，在每一件事情当中，尽量去看其中的"人"，而不是"事"；第二，越累就越该立即停下来，抽离工作，学习人生。相信我，你这么做，天不会塌下来，而你会变得更好。

"活在当下"就不忙

有朋友向我抱怨,他每天日程排得满满的,忙得团团转,都没时间做自己真正想做的事。

我问他都在忙些什么,陪他一件件地数,结果发现好像也没什么。我又问他,忙出了什么结果。他仔细想想,好像也不怎么样,但他仍然有"人在江湖,身不由己"的感慨,觉得自己的人生很难随心所欲。

有关时间管理,最有名的陈述是:每个人都该把时间花在"重要"的事上,不该花在"不重要但很紧急"的事上。这道理显而易见,偏偏大多数人都做不到。多数人也认为,想要高效利用时间,关键在于自律和意志力,偏偏这两件事又很难。

其实"忙"这个字,本身已揭示了答案。古人造字很有智慧,"忙"就是"心亡",心不在了,所以才忙,把"忙"的因果说得清清楚楚。

美洲印第安人也有相同的智慧。他们外出旅行时,每走一段路,就要停下来扎营,为的是"等待灵魂跟上来"。他们认为,人走得太快,灵魂会跟不上,就会变成"有体无魂"的人,那当然是不行的。

用我们老祖宗和印第安人的智慧来看待现代文明,真是再贴切不过了:因为大家都跑太快了,集体的灵魂和"心"跟不上,所以才变得这么忙。现代人普遍患上了"失心症",当然也造成彼此牵累，所以才"人在江湖，身不由己"地忙个没完没了。

有关"心"，大家当然也知道很重要，不是常说要"倾听内心深处"的呼唤吗？无奈多数人即使想听也听不到，因为心在十万八千里处，早已不跟人在一起，怎能听得到？所以，想要不忙，想要管理好时间，最重要的功课就是"把心找回来"！

时间管理是人生头等大事。因为人世间有诸多不平等，但相对平等的事，是大家都拥有一样的时间。说得更清楚一点，每个人所拥有的当下，你用来做什么，完全由你做主，人世间的自由平等尽在于此。

"当下"这一刻，你要怎么活？是让别人帮你活，还是自己做主来活？是任由感官、妄想、习性或环境带着你活，还是"用心"来活？这是你人生唯一重要的决定。说得严重点，人的心不在，就不可能活在当下；而不在当下，基本上就没真的在活。

有了这样的了解，就知道"忙"的反面不是"闲"，而是"活在当下"。活在当下是人生唯一重要的事，你的心在，就会带着你的生命前进，前进到有力量，也会带动别人的生命一起前进。除此之外，都不过是原地转圈圈，所以才说"忙得团团转"，白忙一场。

你在忙些什么？忙的时候心在不在？要不要停下来，把心找回来再上路？不妨问问自己吧！

事上练心

我近年来在母校担任书院导师，常有学生问我领袖之道。

他们通常都觉得，成为领袖必须杰出优秀，凡事有主见，而且能言善辩，自认还不具备这些条件，因而没资格成为领袖。

我告诉他们，成功的领袖有各种类型，有的像丛林斗士，有的像赌徒，有的像职员或手艺人，并不一定非得是某种人。只要愿意承担，人人都可以通过学习成为领袖。

然后我问："《孙子兵法》论领导，有道、天、地、将、法，你们想先学哪一个？"大家都说，要先学"道"。我说太好了，因为兵法是用在死生之地、存亡之道，但孙子仍然把"道"摆第一，可见道是关键。

"道"讲究的是同心。一群人为一件事在一起，如果同心，大家都想同一件事，自然就不计较；如果不同心，大家计较起来，所谓"上有政策，下有对策"，什么办法都行不通。

任何人想要大家同心，首先要自己修心：时时放下"小我"的得失心、执着心，以众心为己心。修出这样一颗真心，所作所为，自然让人想跟他在一起，想跟他一样，领袖气质就出来了。这就是领袖的承担。

所以，领袖之道，修心为重。文武双全的一代宗师王阳明，强调"事上练心"，就是在每一件事中为团队付出，并在过程中修正自己。因此，领袖的样子是因人、因时、因地而不同的，因为他的样子不是自己的需要,而是团队的需要,所以才"君子不器"(《论语·为政篇》)。

领袖通过修身而与大家同心,就能一起如实面对环境的变化,所谓"衡外情,量己力",这就是《孙子兵法》所讲的"天、地"了。

至于"将",不外乎知人善任。有人说刘备运筹帷幄不如孔明,带兵打仗不如关云长、张飞、赵子龙,但他能让这些人跟随,只靠三句话:"你说的真有道理!这件事很重要!我怎么没想到?"因为这三句话能让人"为知己者死"。但要真心说出这三句话,必须有格局、有肚量,这不仅是"修"出来的,而且是"让"出来的。

一个领袖,通过修身,就能掌握"道、天、地、将"四个关键要素,至于"法",因为"法无定法",如实修正就好。

结论是:要成为领袖,必须修一颗真心,千万别舍本逐末。

开发内在，更有力量

记得多年前，有一位至交很认真地问我："你有烦恼吗？"我说："没有。"接着他问："你快乐吗？"我说："好像没什么不快乐。"他又问："你觉得自己的人生有价值、有意义吗？"我说："让我再想想。"结果，一想就想了好多年。

很感谢这位当年如此质问我的好友。如今的我，终于可以负责任地替当时的我回答：我自认没烦恼，是因为没有面对生命深处的空虚；我对"是否快乐"的不笃定，是出于头脑的应对，真正诚实的答案是我"并不快乐"；至于人生的价值和意义，是不可能想出来的，只能活出来。而当时的我，并没有活出有意义的感受。

这一切是因为在迈向成功的路上，自己追求"出类拔萃"多过"展现自我"，运用"控制"多过"敞开"，"角色扮演"多过"真实自我"，寄托于"期望"多过"信心"，对挑战的"反应"多过"回应"……总而言之，就是"用脑"多过"用心"，难怪在"成功"之后活成那样。

最近在麦基卓和黄焕祥《新生命花园》（台版）这本书里，读到作者把人生分为两种，即以"权力"为本的"解决人生问题"之道和以"力量"为本的"迎接生命挑战"之道，深得我心，十分赞叹！

书中这么描述：当人生被视为威胁或问题时，解决之道自然就是通过掌控得到的"权力"。取得权力是为了掩盖、抵制焦虑，因为一个人越有掌控力，就越感觉不到焦虑和无力感；但焦虑和恐惧并未消除，只是埋得更深了。而"力量"则来自"开发自己的内在"，它是对自己一切特质的全然接纳，并依不同处境，带着觉察回应生命课题。这样的人，在开发力量的同时，更能保持与自己和他人的完整连接。

我在其中看到了自己人生的分水岭，从以掌控为核心的"权力"之道，转化为以觉知为核心的"力量"之道，其间一步一个脚印的心路历程，无怨无悔，美不胜收。这里面的关键词就是：向外，掌控；向内，觉察，人生就此泾渭分明。

也许有人会问：是不是要先追求成功，然后再"开发自己内在的力量"？我可以很负责任地说：不是的！事实上，"走向内在"是一条漫漫长路，用一生的时光都未必能走完，哪还容得下蹉跎？

合理的态度是，每逢看到自己又掌控什么了，就提醒自己回到内在，多些觉察，让自己少使用权力，多开发力量。能够这样，成功的代价自会少些，果实也自会甘甜些。

归零即突破

一位四十岁上下的朋友来找我,说他正在筹划创业,但好像被卡住了:"想当老板,却觉得自己不像老板。"

追问之下,才知道他过去在不同行业与不同的合伙人创业多次。每次开始都很顺利,年年分红,但后来合伙人一个个地离去,只剩下他一个人收摊。目前他正在寻找新的合伙人,但理想人选却迟迟没出现。

言谈之间,他一直重复的关键词是团队,说自己最重视团队工作,自己是最好的队友,但最后却发现,其他人不是好队友。

我心血来潮,问他过去人生最辉煌的时刻是什么,他说是高中篮球校队生涯,他个头不高,却是一流的后卫,在他的控球组织下,团队默契十足,打赢了许多大赛。

他讲这段话时两眼放光,表情生动,意气风发,仿佛回到了青少年时代。

找到了这条线索,我帮他整理事业议题。最后的结论是,过去辉煌的人生记忆成为无意识复制的行为模式。而过去的成功,时空背景不再,原因未经验证,无意识的复制并不适用于当下,何况人生不同阶段的目标和挑战也完全不同,最终导致不断重演人生的困境而不自知。

我打比方说,这就像一个人难忘初恋的美好回忆,无意识地带着它,进入其后的亲密关系,造成一次又一次的失落和遗憾。

因为忘记了自己不是当初的自己，对方不是当初的对象，情境更不是当初的脚本，怎么可能再度精彩演出？

这位朋友的故事，其实是很多人生剧本的原型，只不过每个人演出的戏码不同。失败不一定是成功之母，倒是成功可能变成失败之母。不仅别人的成功经验很难借用，自己的成功经验也难以复制。但有多少人忘不了过去的辉煌，让自己的人生变成一次又一次的无奈，只能活在"想当年"中。

所以"归零"是重要的人生功课，不仅过去的挫折要归零，成功经验更要归零；不仅要在现实中归零，更要在意识深处归零。否则，过去的经验必将成为现在和未来的负担。

归零并非将过去一笔勾销，回到原点；归零是让过去不成为负担，反而成为滋养。归零才是最大的突破！

都是我的错

企业以人才为本,最难得独当一面的人才。这种稀有人才的最重要特质是什么?

这个问题困扰我很久,最近居然在自己身上找到了答案。

我曾经被认为是杰出专业人才,后来合伙创业变成了最烂的经营者,造成公司长达七年的亏损,证明了我完全缺乏"独当一面"的能力。但其后公司又一路长红十余年,成为领先的产业标杆,好像我又很成功地独当一面了。

这中间到底发生了什么?我过去的说法是,因为压力大到极致,终于被逼"开窍",一念转了过来,从此就不同了。问题是,这开窍的"一念"究竟是什么,却始终说不清楚。直到最近才彻底搞清楚,这一念叫作:"原来都是我的错",不仅头脑认错、嘴巴认错,连灵魂深处也认错到底。

如果把这"一念"图像化,最传神的莫过于清末民初以"讲病"闻名的王凤仪:凡是乡间妇人得了怪病,王善人就问她和家里谁过不去,然后把那些人一个个请进来,叫妇人跪下来一一磕头,磕到呕吐昏厥……病就都好了。我那"经营失能症",就是这么好的。苦到尽头,看不到未来,找不到解决方法,也无处可逃……蓦然回首,看到这一切都是自己造成的,千错万错,原来一切都是自己的错。然后,就像马拉松选手经历了"撞墙"一般,手脚还在动着,胸中已无起伏之苦,终于有把握跑完全程了。

"都是我的错"真有这么神？原因何在？我的解释是：一是看到事情的缘起，生出惭愧心；二是因惭愧而能虚心待人，真正和他人在一起；三是认错有多少，承担就有多好；四是认错范围有多大，心量就有多大。想想看，如果一个人能有惭愧心、虚心待人、勇于承担、心量又大，独当一面有什么问题呢？而这一切皆从"都是我的错"开始。推到极致，如果一个人认为众生之苦都是他的错，那他不是佛，就是耶稣基督了。

　　说到这里，大家应该猜到，认错其实并不是苛刻的道德诉求，而是大自然法则的体现，错认到哪儿，自在到哪儿，担当到哪儿，成就也到哪儿！

　　我的问题是这大自然定律曾发生在自己身上，而且也展现了神奇力量，却没能长相持守，尤其没能运用到事业以外的领域，实为人生憾事。

　　最后提醒一句：企业要找做大事的人才，首先要心量大，心量大者必承担大，承担大者必"认错大"。如果发现组织内有人用"都是我的错"的态度待人处世，别怀疑，他就是以后能扛起大事的人。

反求诸己

常听企业界的朋友抱怨,他们对某些干部如何赏识,如何费心栽培,如何寄予厚望……结果这些人还是要走。这些抱怨中常夹杂着灰心、不平和不解,而我的回应则永远是:反求诸己。

先说我自己的故事吧。我年轻时曾受过不少老板的赏识和栽培,印象最深刻的,是《中国时报》的余纪忠先生和《天下》杂志的殷允芃女士。余先生当年七十几岁,却亲自调教我这二十几岁的小毛头,敢任用我做专栏主任,也敢让我做主笔写社论,可以说恩重如山。殷女士也是对我寄予厚望,但最后却因种种因素(多半是我的问题),我还是选择了自己的路。

因为有这样的经历,我很清楚人和人、人和组织都有不同的缘分,当天时、地利、人和因缘无法俱足时,即使是善缘,也无法强求。所以我创业做负责人的二十余年间,每当有优秀同人递辞呈,我在确认并无误会的状况下从不强留,总是祝福。

而其中最让我欣慰的是一位女同事的案例。她毕业没多久就进了《商业周刊》,虽历任不同职务,但总能完成任务,当然引起了我的注意,对她关注有加。结果在我正准备委以重任之际,她却以"想历练不同媒体"之名请辞。

我很清楚地记得当时自己的心境:除了遗憾和惭愧,并无埋怨。我很惭愧自己主持的机构,无法给优秀的年轻人提供足够大的舞台和足够好的前程,也欠缺强有力的能量和磁场,让人身心安顿。所以我在祝福之余，也发愿要让《商业周刊》变得更强、更好，以求"再续前缘"。结果几年后，这位同事重回《商业周刊》，成了担当大任的主管。这个案例过程曲折，结果圆满，充分说明了缘分之不可测，只能尽其在我，只能反求诸己。

我所见到的重视人才的组织，多半都会在制度上下足功夫，也会在培育、照顾上尽力而为，但能善解人和组织之间真正因缘并能随缘对待者，则凤毛麟角。因此，当奇美实业创办人徐文龙说出"企业与员工之间，是一种缘"这句话时，我才那么佩服。

事实的真相是：一个真正够棒的组织，永远不必担心任何人才的离去；一个真正够棒的人才，也永远不愁无处安身。要让最棒的组织和人才"在一起"，除了随缘，其实无计可施。境界最高的经营者，只有一件事可做：不断地修正自己，让自己的周围充满善缘，最终形成一个因缘聚合的大磁场。

领导者的考验

常听企业高管抱怨,他们有一些价值观、理念和原则,员工总是听不懂、没感受、做不到、不彻底,让他们很有挫败感。这种心情我十分熟悉,因为这些正是我在事业生涯中曾经最常有的感慨。但如今的我,已经可以心平气和地面对。因为我知道,外在环境中的一切只不过是一面镜子,反映出自己有所不足。

我现在看到的是:讲话别人听不懂,一定是自己没说清楚;说话不清楚,一定是自己体悟不深;体悟不深,一定是自己没做到;做到而别人看不见,一定是做的深度不够;已经做到够深,别人仍不受影响,一定是对别人的关心不够。

总而言之,一定是自己"心不真",所以"事不实";"愿不广",故而"行不深"。如果确认自己已经"事实行深",却仍然不能影响别人,那就只能接受,只能等待。所谓求仁得仁,又何怨?

一个组织里,居上位者的价值观要影响其他人,必须他自己内在想要的、相信的、感受的都完全一致;形之于外,他所说的和所做的自然也完全一致。能够这样,日复一日,毫无例外,才有可能形成环境,让身处环境中的人,听到的、看到的、感受到的都完全一致。慢慢地,在这样的环境中,有些人也开始这么想、这么说、这么做。当越来越多的人这么做,其余人耳濡目染,自然跟随,才有可能形成不再逆转的能量场。

这种环境的形成，不仅要日积月累，还要经历考验。因为居上位者即使言行一致，大家也会认为，他们能做到理所当然。只有当面临重大价值冲突时，大家才会瞪大眼睛看，居上位者能否放下自身利益，仍然守护其所宣称的价值。必须通过几次这样的考验，大家才会相信你是认真的，不是说说而已，才开始愿意跟随。

但这仍然只是起步，并不必然功德圆满。如果最后未能尽如人意，居上位者就不能再以己度人，只能换位思考，否则一定是跟自己过不去。

通常这种时候我就会这么想：如果自己出任下属的职位，做他们所做的事，领他们所领的薪水，还要"屈居"于我这样的领导之下，到底能做多久呢？答案显然很清楚：我根本无法长期安然处于下属的职位！每次这么想的时候，我就开始佩服他们能"屈就"这样的工作，感谢他们还没有离职。

在组织里居高位的人，只有这么想，自己才能精进，才会感恩；也只有这样，他所认定的价值，才可能有朝一日成为组织的环境。

以空间换时间

大家都说时间不够用，但很少有人意识到，其实是"空间"不够用。

我的理解是，时间不够用，通常是效能不够高；效能不够高，往往是空间不足。

一个有效能的环境，大家都有成长空间，就能一起支撑环境，完成共同的愿望；一段良好的关系，需要空间磨合，让人各得其所，携手同行；个人生命的成长，当然更需要空间，否则只能原地打转，哪都去不了。

曾经有段时间，我很自豪自己有种本事，叫作"一看就明白""一听就清楚""一说就命中"，觉得自己反应快、很厉害，为此得意扬扬。

但恰恰是那段日子，自己整天忙得团团转，周围的人也像无头苍蝇似的乱窜，但困局总是无解，也找不到出路。那段时间，我其实很怕和人在一起，觉得又烦又累，总觉得"遇人不淑"。回过头看，那时的我表面上长袖善舞，其实成长早已停滞。

如今看来，造成这一切的就是空间不足。因为空间全被"自以为是"占满，导致自己内在、人际关系和组织环境都没有成长空间。

对所有事都有与众不同的看法，不吐不快，非我不可……这样的自己，活得太膨胀，正是不折不扣的空间杀手。"想法"霸占了空间，没留余地给自己、给别人、给环境，因此没人在成长，自然效能低。时间不够用，不是因，只是果。

经过多年的学习，我才终于了解，观念和想法，效能有限；真正的效能，是"处在当下"。观念是从别人的经验中提炼出来的，未必合于己用；想法是自己有限经验累积的，还常混杂着莫名的情绪，自然更受限制。但每时每刻面临的情境，只能是当下的自己、当下的别人、当下的环境，用任何观念和想法套用，往往失真，只有处在当下，才能"随缘应机"，才是最高效能。

要处在当下，得放下自以为是，修炼空性，创造空间，生出顺时应变的"觉性"。孟子所说的"圣之时者"（《孟子·万章章句下》），应该就是这个意思。

有了这样的体悟，每次感到时间不够用，就赶紧检查自己是否太自以为是？是否太占空间？屡试不爽的是，空间一出来，时间就不再是问题。原来，空间只存在一念之间，念一转，空间就出来了，时间也就不是问题了。一个人转念的速度有多快，空间就有多大！

给人空间

一位创业者告诉我，现在找人才真难，好不容易找到堪用的，却留不下来；留下来的，又不能独当一面。我说，到你公司看看吧！

那天他亲自主持会议，与会的同事都面色凝重，不太说话。他一个个询问他们的工作近况，一一指出哪里做得不够好，然后下达指令。一场会开了两个小时，基本上都是他在说话。

看到这一幕，我了然于胸：他把"空间"占满了，难怪他的员工难以成才，难当大任。

人和人在一起，尤其是共事，没有空间，就难以成长，难以平衡，也就无法自在，不易长久。必须有空间，才能尝试错误，才能有机会想明白、说清楚、做得到、活出来，成为负责任的人，也才足以担当重任。

最容易不自觉"占空间"的人，通常是反应快、口才好、意见多、性子急、标准高、个性强、居上位者。大家不妨对号入座，如果这七项特性，你拥有两项以上，应该就算"占空间症候群"的带原者。若是恰巧你周围的人又多半爱依赖、很被动、不动脑、手脚慢、不负责……不必怀疑，你肯定就是占空间的人。

在"占空间"这件事上，我过去在七项特性中至少占了五项，自然成了"占空间大王"。自己因此饱尝占空间之累，身边人则饱受空间被占之苦。

占空间这毛病，可以说是顽疾，很不容易改，还好我不是个勤奋的人，所以在"做"上，还算有空间可让；但在"说"上，尤其是"想"上，要让空间可就难上加难。道理不是不懂，但一不留神，不知不觉就把空间占了。

后来我发现，自己没耐心听、忍不住说，源头都是管不住自己的"想"。无论发生什么事，一看、一听，就有想法，而且觉得自己的想法挺不错，不说出来太可惜，别人的空间自然就被我给占了。

后来痛定思痛，我强迫自己把起心动念转为"成全别人""成就团队"，不再证明"我厉害"。如此才慢慢看到，我想得对没用，因为做的人不是我，必须是他想出来的，才有可能由他做出来。否则必将累死了自己，也耽误了别人。

如今的我，练习在看和听时尽可能不想，一想就叫停。和人说话时，只看、只听而不想，由此打开自己的"觉性"，设法进入"空性"。我发现当自己相对处于觉性甚至空性状态时，人际空间会自然扩大，氛围也更加自在。每当这种时候，我常能感知对方的觉性升起，自信心增强，行动力十足，结果往往彼此都更满意。

正如老子所说："功成事遂，百姓皆谓'我自然'。"（《道德经·第十七章》）这样的公司，必然人才济济，但前提是居上位者能修空性，否则绝无可能！

用愿意换愿意

参加过基督教婚礼的人都知道，牧师会问新郎和新娘这段话："从今以后，环境无论是好是坏，是富贵还是贫穷，是健康还是疾病，是成功还是失败，我都会支持你、爱护你，一直到我离世的那一天。"然后新郎和新娘都要说"我愿意"，牧师才宣布两人结为夫妻。

这誓词真的很苛刻，要人无论环境有多恶劣，无论贫穷、疾病还是失败，都不离不弃。我想这是因为教会深谙人性，知道婚姻这条路会遇到多少考验，除非不断地说"我愿意"，否则不可能走下去，所以才要求新人发下如此重誓。而事实证明，即使发了这样的誓言，很多人还是过不了关。这誓词保留至今，只能算是一种正式的提醒吧！

企业经营也是条艰难的道路，一路走来，必然会经历各种预想不到的困难和挑战，但我从没见过任何企业在新人入职时，会要求他们发下如此重誓：

我×××，愿意遵照公司的规定，成为追求共同愿景的一员。从今以后，环境无论是好、是坏，是成功、是失败，是赚钱、是赔钱，是受重用、是被"冷冻"，是被支持、是被误解，我都会尽己所能，支持公司到底，不抱怨、不怠惰、不见异思迁，一直到……（当然不敢说离世的那一天，就先说个十年？五年？）

如果有公司要你发这样的誓言，你愿意吗？我相信大多数人是不愿意的，凭什么啊？如果你是公司的老板，你敢要求员工发这样的誓言吗？我相信大多数老板也是不敢的。

这里带出了一个有意义的问题：人是怎么愿意的？

答案其实很简单：愿意，要用愿意来换！

愿意不能用头脑。头脑里住着一帮乌合之众，每逢有一伙人说愿意，就有另一伙人说不愿意，两方各有正当理由，不断进行拉锯战。所以在愿意这件事上，头脑不靠谱。

愿意只能用"心"。心是一股生命的能量，一旦启动，就会生生不息地流动，产生一个共振的磁场。一个有"愿力"的人，他的心有强大的共振磁场，会转动周围的人，让他们的"愿心"一同启动。一个环境中，愿意的人越多，磁场共振越强，转动不愿意的力量就越大。

了解了这件事，你应该清楚明白，一个组织中的居上位者其实只有一件事，就是不断修炼自己的愿力，用自己的愿意换所有同事的愿意，这就叫作"心能转境"。

如果有一天，你敢让公司的新员工发誓，而他们也愿意发下如结婚新人般的誓言，恭喜你，你是一个有愿力的人！

带出"愿意"的团队

我常说,企业的最高效能就是"愿意修"。很多人就问我,要从哪里开始修呢?我的回答是:"修愿意!"

"愿意修""修愿意"不是绕口令,而是真真切切的大实话!

试想,如果你带领的团队,人人都很愿意,不懂的愿意问,不会的愿意学,做不好愿意认,认了后愿意改,分内的事愿意做,同事有难愿意帮,分外的事愿意担,这样的团队,还需要管吗,还让人操心吗,还有什么事做不成吗?恐怕三更半夜想到都会偷笑吧!

领导一个"愿意"的团队,简直就是活在天堂里。

反过来说,如果你带领的团队,大家都很不愿意,不懂的不愿意问,不会的不愿意学,做不好的不愿意认,同事有难却袖手旁观,公司有事却漠不关心,这样的团队,天王老子也管不动。如果还没出大事,只能说时候未到。

置身于这样的团队中,真是活在人间炼狱啊!

"修愿意"不仅是企业实现最高效能的方法,也是人生幸福的大道!

一个不愿意的人,是一个斤斤计较的人,每天拿着自己的一把尺,算自己的一本账,每次算的结果,都是自己吃亏、别人占便宜。一个整天觉得自己吃亏的人,一定笑不出来,苦不堪言。

一个不愿意的人,在内心深处,一定也跟自己较劲,把生命的能量紧紧包裹起来，像个穷怕了的人，整天担心朝不保夕。这样的人，连自己都不爱，哪有可能欢喜自在？

一个不愿意的人，会因为计较而不断错过人生，错过上天给的每一份礼物；一个不愿意的人，连自己都不放过，最后活成连自己都不爱的样子，难道不是活在地狱里？

一个愿意的人，是用"愿力"在活；一个不愿意的人，是用"业力"在活。"业力"是轮回，"愿力"是解脱。所以，"修愿意"是离苦得乐的一扇门，门里是地狱，门外是天堂。个人如此，企业更是如此。

要让你的团队成为一个"愿意"的团队，只有一个方法：你要带头说"我愿意"，除此之外，别无他法。

——我发现组织的秘密就是:
——境随心转,心想事成!

第 10 章 企业的修炼

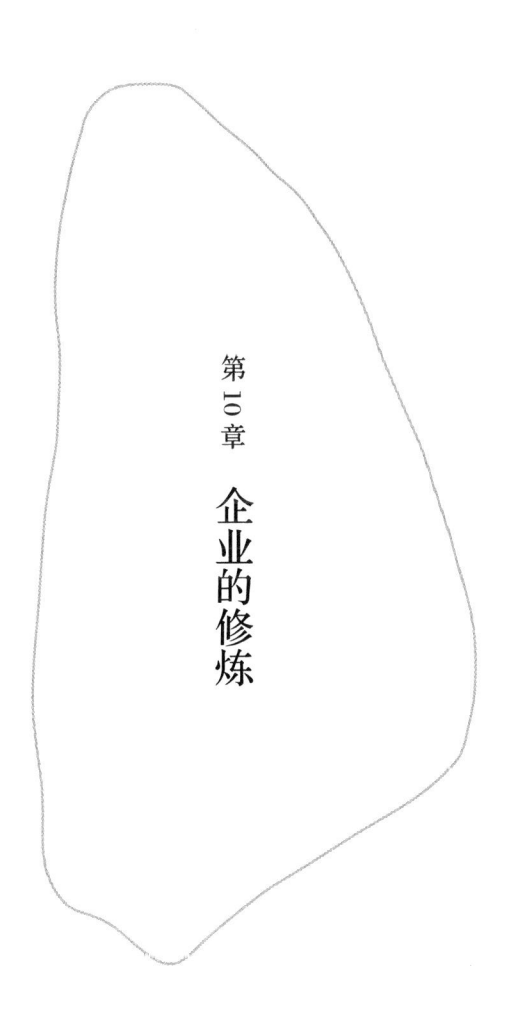

企业的"刚需"

老友约我叙旧,在他上海外滩办公室的落地窗边,看着黄浦江千帆过尽,他说起乾隆下江南与老和尚的典故:熙熙攘攘,唯名与利。他自认已摆脱名缰利锁,却仍深感有志未伸、有愿未了。

这位老友算是壮年得志,多年前公司已在香港上市,员工数万,目前仍靠并购快速成长。但他虽然成功,却对自己并不满意,觉得离人生理想境界相去甚远。他心中的典范是稻盛和夫,读了很多稻盛和夫的著作,也曾投身某修行环境,决心修炼若干年。

老友自认为近年来在心性修炼上颇有精进,看到了一条不同的人生道路,觉得自己已经上路,但又被卡住了,反而备感惭愧。他觉得自己在事业的追求上有了更高境界的愿景,但和同事的交流方面,他却深感无法相应,反而更加孤独,因而产生了无力感。

总而言之,他现在的事业目标是追求可持续、能为员工带来幸福并且有意义的成功。他更希望在完成事业愿景的同时,自己也有幸福感,也能活出更有意义的人生。他问我,这样会不会要得太多?我说,一点也不多。如果做到了,这些愿望应该同时实现;如果只实现了一部分,其他部分无法实现,就可能连已经实现的那部分也不是真的。

因为我们在谈的已经不是理、不是法、不是术,而是"道"的层次。只要是"道",就不可能这里通,那里不通;也不可能此时有效,彼时无效。"道"是放之四海而皆准、古今中外皆然的。

因为它不是人想出来的,而是暗合大自然的定律。所以,如果活出"合于道"的人生,就不可能无法运用于事业;如果事业经营"合于道",也不可能人生不圆满。稻盛和夫不就是如此吗?

由此看来,如今的时代,经营事业者(当然也包括所有职场中人)能成功且圆满者,为数甚少,正是因为大多数人所追求的并不真正"合于道"。大多数人在事业生涯中讲求的是势、是理、是法、是术,或可成功于一时,却难成功于一世,更难成功、圆满兼得。像我这位老友,在人生追求上,已经进入道的层次,尚且力有未逮,遑论其余。

最后,我们共同得出了结论:如今大多数企业面临的问题其实不是欠缺方法和技巧,而在于"不合于道",无法"以道驭术"。用通俗的说法就是企业文化不清晰或企业文化无法落地的问题。企业文化该如何形成,又如何落地,这才是当今企业真正的"刚需"。

企业文化是头等大事

很多老板都希望企业文化能深入人心，完全体现出来，但要他们为文化落地付出努力时，他们又说：我很想，但是经营压力真的很大。

这就好像"重要而不紧急"的事，永远被摆在"行有余力"再做的位置，因此永远都不会做。我觉得之所以这样，是因为大家的内心深处并不是真正相信企业文化与企业的经营绩效息息相关。

用个人打比方，一个人怎么想，就会怎么说、怎么做，最后就会得到相应的结果。起心动念就像中央银行，一收紧银根，市场资金必然紧俏。所以，要改变结果，最有效的方法就是管好起心动念。

企业文化，就是企业的"中央银行"。组织内的一群人怎么想、怎么做，怎么对待彼此、对待公司、对待客户，最后反映在企业所有大小事上。绩效为什么达不成？员工为什么不合作？目标为什么无法贯彻？没有一件事与企业文化无关。

因此，很多企业不重视文化，却企图用各种方法、规章、奖惩改变员工心态和行为，大多数效果有限。即使有效，也很难有长效，更别说优化了。追根究底，是因为这些作为只在下游处使力，治标不治本。

也有企业很重视企业文化，努力进行各种宣传，却成效不彰，最后还是说：企业文化没什么用！我认为，这种情况多半都是因为这些企业虽然重视文化，却"事虚行浅"，无法做到"事实行深"，所以成果不显著。

企业文化落地之所以难，是因为人的个性有千百种，大家不是进了企业才变成这样子的，而是原来就是这样子的。所以即使在下游处，用方法改变了员工的行为，让大家表面上看起来有所不同，却改变不了员工的个性。因此在生命的上游处，仍旧各有各的执着，根本没有办法一条心。

因此，要创造落地生根、长长久久的企业文化，关键就在"化性"两个字上。中国自古讲究教化，"教"了以后，还要"化"之，才算完成。"化"什么呢？主要是"化"个性。能化性，才是企业文化的王道。企业必须打造出一个共修环境，形成一个让人同频共振的能量场，员工的习性、个性、我执尽在其中"化"了，这才是真正落地生根的企业文化。

这样的企业是最高效能的组织，因为内在凝聚力超强，所以禁得起外在无常的挑战，自可长长久久。这样的企业可以把最重要的事做到极致，所以永远可以让客户不但满意，而且感动！所以，企业一旦能让文化落地生根，就一定会反映在企业经营绩效的所有层面，就无所谓"先完成绩效，再提升文化"这种说法了。

如果一个企业忙到没办法把企业文化当头等大事，恰恰就证明：不能再等了，必须当急件办理！

压力来自业力

我曾在文章中提到,要从烦恼中解脱,第一步要先把自己从诸事中抽离。其实真正要抽离的不是事,而是自己对事的执念和惯性。因为这样的执着太深,所以在事的轮回场中无法抽离,只好把事先放下,乃不得已也。

人的执着深到什么程度?不抽离出来认真看,还真不敢相信。基本上,就是颠倒,颠倒到看不见眼前发生的事,只相信自己所认为的事。

人的"认为"很奇妙,有时候前一刻还没有想法,后一刻想法不知从何处飘进了脑中,我们抓住了它,就认同了它。有时候把它说出来,没得到别人的赞同,我们居然就会气急败坏,就会觉得自尊心受到伤害,为这个想法和别人争到面红耳赤,不欢而散。人真是莫名其妙!

表面看来,好像是我们对自己的"念头"产生了占有欲,把它们视为私有财产、禁域,不容别人侵犯。但事实上,那想法原来不是我们的,是不知道从何处闯进来的,它们居然就驱使我们为其奋战不休,人简直就是随时在被念头绑架,被异物入侵。在层出不穷的入侵事件中,人就是被附身的宿主,对闯入脑中的念头毫无抵抗力。人的执着如此顽强,背后真正的原因是人昏沉,昏沉到随时随地被念头入侵、绑架。没有这样深刻的思考,人是不可能承认自己的执着的。

我每逢看见自己的执着，常有感慨：人不如鼠！不信你看那小白鼠，在迷宫中撞墙一次就会转弯，往右转走不出去，下次就会左转。但人不会！人撞到墙时都会不以为然（这墙不该在这里），会抱怨（凭什么这墙挡我的路），会挡我者死（想办法把这墙铲平），会不服气（明明就该往右转，想不到试试往左转）……人的毛病这么多，不是连老鼠都不如吗？

每次想到自己连老鼠都不如，我都会惭愧到无地自容。二话不说，向老鼠学习，放下执念，立刻转弯！这招儿对我还蛮有用的，你也不妨试试。

人为什么不如老鼠？显然不是智商问题，而是业力深重。个人业力如此深重，那一群人在一起呢？可想而知，在组织内每一个人的业力都犹如机关枪阵地，火网交织，流弹四射。一家企业，如果个人业力都不修，相互间又大规模进行业力转移（通常是由居上位者往下移），把能量内耗殆尽，哪还有力气应付外在世界的无常？

所以，企业的压力从何而来？多半都是业力带来的！业力消了，才有能量面对经营环境的无常，压力自然就减少了。这一切谁来带头做？当然是企业领导者！（不然你凭什么当领导？）怎么做？要从看见自己的执着开始！如果不深深地向内看，只想向外找答案，不仅事倍功半，而且必不究竟，最后很难有好结果。

"创新"是果，不是因

"创新"成为企业的关键词，已有很长时间了，但我每次听到企业界的朋友提到创新，都觉得他们活在极大的压力和焦虑中，好像如今的竞争规则已经是"创新，或灭亡"。细问之下，果然已有不少人每晚必须吃药入眠。创新难道非被弄成这样吗？

正巧我去探望一位年过九旬的老书法家，看他的字神龙灵动、挥洒自如；见他的人如沐春风、硬朗自在。他的生活、生命和创造，完全是真正"字如其人"。

创新也可以是这样！

其实我早就对西方现代艺术不以为然。他们追求创新成狂，弄到正常人都不可能再有突破，艺术家除非把自己逼疯，否则无法再创新。如今这股创新潮流已经无所不在，终于要把企业家也逼疯才罢休。

这样的现象，我大胆解读，可能有两个原因。

第一，现代文明因个人主义盛行，把生活环境弄得极其繁杂，个人身处其间，感官被刺激到日渐麻痹，需求被诱发到极难满足，因而对创新的胃口越来越大，无休无止。

第二，由于商业机制的壮大和无所不在，大多数创新的背后都以利益为驱动，创新乃沦为竞争的压力和必要因素，变成利益导向的脑力活动，不再是生命力满溢而出的欢愉展现。

这样的观察，让我回想起《商业周刊》2001年发生的一件事。当时我们请主要干部一起确认公司的核心价值，很快大家就达成共识，以诚信、卓越和分享作为共同信守的价值，但有若干同事主张，一定要再加上"创新"这一条，我虽然并不赞同，最后尊重多数决议，就采纳了这个建议。

我的看法是，如果大家能把诚信、卓越和分享的精神做到极致，创新是自然的结果，没必要"为创新而创新"。直到今日，我看到许多公司在创新这件事上绞尽脑汁，编足了预算，却仍然苦无成果。细问之下，果然发现这些公司的企业文化都在诚信、卓越和分享这些环节上没做到位，可见企业在创新上的茫然是有原因的。

我当然并不反对创新，但我反对把创新当成企业或个人的核心价值，我认为那是舍本逐末。为创新而创新，必然诚意不足、用心不深，创新的成果也必然有限，说不定还一面创新、一面造业呢。我还是相信，对自己诚意十足，对别人用心至深，练功到位，创造力自然生生不息，这才是真创新。

赚到"做"

一群企业老板的聚会中,问起近况如何,有人说:"没在赚钱,只赚到做。"大家纷纷表示同感。

"赚到做"这句话,久违了。以前常听到,是因为老板们低调,不敢吹嘘生意好;现在重出江湖,却十分写实,还带有一点醒悟的味道。

其实,这句话隐含着大智慧。认真想想,人生空空地来,最后也一定空空地去。人生来去之间到底有什么?难道不是一个"做"字吗?

人生只有"做"。多做、少做;认真做、随便做,都是过一生。但同样是做,最后的结果却差很远。有人做,是不得不,只为了求生存;有人做,深度不足,只换到生活的改善;但真正厉害的人,却能通过做让自己不断提升,最后心满意足,留下了好样子,让人怀念。这才是真正的"赚到了"!

一个人要如何"赚到做"?大家最熟悉的谚语"欢喜做,甘愿受",讲的就是这件事。总而言之,就是无论外在环境是顺是逆,遇到的人是贵人还是"逆行菩萨",都要打开觉知,带着感受,反求诸己,全然投入地面对发生的每一件事、遇到的每一个人。只有这样,才能让每一个"做"稳赚不赔。

个人如此,企业又何尝不然。企业的本质,就是树立一个共同的目标,大家一起做,如此而已。企业的外在环境瞬息万变,不能保证时时刻刻都赚钱，但大家一起"赚到做"，却可以操之在己。而且一个无论环境顺逆都能"赚到做"的企业，才是真正强大的组织，必能长长久久。

因此，一个想要突破外在限制，真正操之在我的企业，应该把"赚到做"列为核心价值，设法发展出"赚到做"的KPI（关键绩效指标），在每件事上，衡量每一个人是否赚到做。

这样做好处多多，包括：第一，胜不骄，败不馁，永远士气高昂；第二，人人都有机会变成英雄，发挥价值，不受职位、才能的限制；第三，通过每一件事让员工不断成长，厚积组织实力；第四，打造强大的企业文化价值，代代相传。

个人的人生只能"赚到做"，企业的价值是"大家一起赚到做"。"赚到做"是个人和企业双赢，是老板和员工双赢，其中没有矛盾，不受限制，只有"共好"。世上哪有比"赚到做"更好的目标？哪有企业傻到不懂"赚到做"呢？

用脑太多，用心太少

最近常出门走动，不小心就碰到不少"企业伤兵"，而且都是将军级别的。他们多半出身名校，游走于知名大企业，屡受重用、破格提升，四十出头即成企业中坚力量，然后人生出现重大转折（以健康出状况最普遍），选择（或被迫）暂离职场。

有一回，和一位知名企业的"大将军"吃饭后，朋友对我说："好可惜刚才没拍张照。"我问："为什么？"他说："可以拿回家给太太看，看她还要不要逼孩子读书。"不消说，这位"大将军"堪称青年楷模，出身名校，晋升世界顶级公司管理层，但他看起来却极不快乐，一副"人在江湖，身不由己"的无奈摆在脸上。"为什么会这样？"我和朋友继续讨论，最后一致的结论是：用脑太多，用心太少。

这样的场景常让我想起 Visa 卡的创始人迪伊·霍克的那句名言："为什么机器越来越像人，而人越来越像机器？"可能就是现代人用脑太多，用心太少造成的。

众所周知，机器越来越聪明，聪明到在许多方面"电脑"不比人脑差，但没有人会相信机器有"心"。无怪乎，有脑无心的人就让人觉得很像机器。而由机器人领军的企业，则很容易变成大怪兽，给人类文明带来浩劫。这正是迪伊所担心因而振臂疾呼的事。

看到了这么多"企业伤兵"，体会到"用脑"和"用心"是症结所在，我突然明白了迪伊所倡导的"混序"之道，解决的方法正在心脑之间："序"即脑，"混"即心，"混序组织"就是有脑也有心的组织，乃能生生不息，绵延不绝。

谈到这里，不免想起禅宗一则最有名的公案：二祖慧可求道于达摩祖师，问："何以安心？"达摩说："心在哪里？拿来我替你安。"企业要用心，心在哪里？企业由人组成，由"大将军"领导，"大将军"的心在哪里？如果成为企业"大将军"的前提就是必须"有脑无心"，企业怎么会有心？没有心，又何能安之？

许多人在谈"未来的企业"，其实企业的未来就在人心里。企业领导人首先该做的就是找到自己的"心"。居上位者有心了，自然会影响所有人：大家都有心了，企业才会有心。有心的企业，才能追求极致的价值，而不仅是追求极致的效率；才不会再制造"企业伤兵"，甚至带来企业浩劫。

最后，不唱高调，来点现实的。大家不是说"心想事成"吗？这不是人人都想要的吗？其实，企业经营的最高境界就是"心想事成"这四个字。

如果企业里所有员工都"想"同一件"事"，那事能不成吗？但是请注意，关键词是"心"，可没人说"脑想事成"。若没有"心"去想，哪有事可"成"？这么说，大家该知道"心"对企业、对人生的重要性了吧。

把公司卖给巴菲特

美国《福布斯》杂志曾以"你不是沃伦·巴菲特"为题,专文剖析一般投资人对巴菲特投资策略的误解,并认为大多数投资人的财力、投资操作和风险承受能力都远远比不上巴菲特,因此不能成为巴菲特第二。

此文的观点深得我心。我多年前首次读到介绍巴菲特的书,就甚为折服,五体投地。但经过一番自我评估后,也完全了解到,他所实践的投资原则看似简单,却是十足的"知易行难",想要效仿,这辈子是不可能了。

反倒是,身为企业经营者,用"把公司卖给巴菲特"的想法来思考,我觉得挺不错。自此之后,我常想象巴菲特坐在自己公司的董事会里,对大小事指指点点。遇到困惑难解之事,就想"巴菲特会怎么做",以这样的态度来学巴菲特,获益甚多。

众所周知,巴菲特在考虑投资某家公司时,最重视经营团队。而他所强调的经营团队的三大特质中,有一条是"经营团队能力排众议吗"。因为他的经验告诉他,有一种"制度性强制"(institutional imperative)的力量,时常会牵着经营者的鼻子走,让他们变得愚蠢而不理性。因此,如果一家公司的经营者不具备"力排众议"的特质,这家公司前途堪忧,不值得投资。

所谓"制度性强制",有时来自组织内部的惯性,有时来自同业间的"一窝蜂",有时来自资本市场的诱惑,有时来自经营者自身的人性弱点……这些因素往往驱使着经营团队，宁愿跟着其他公司一起失败，也不愿独立判断调整公司方向，千山我独行。一言以蔽之，"人多不怕鬼"使然。

在某种意义上，2008年金融风暴及其背后早已发生的诸多弊端，岂不正是"制度性强制"作祟？"制度性强制"让全球产业链里的顶尖高手集体沦为乌合之众，竟然无人真正做到"力排众议"而扭转乾坤。连睿智如巴菲特者也"老船长翻船"，承认自己"做了不少蠢事"。也就是说，"制度性强制"的力量已经大到让巴菲特也违反了"巴菲特原则"。

无论如何，"巴菲特原则"还是千古不移。即使要纠正巴菲特所做的蠢事，仍然要更加奉行"巴菲特原则"。

所以，不要再等待有人会告诉你市场环境何时将反转，不要再管同业们正在干什么，不要相信有任何人会比你更了解自己的行业、自己的公司。如果巴菲特坐在你公司的董事会里，他一定会告诉你："面对现实，把问题想清楚，然后力排众议吧！"我相信，在全球经济形势如此混沌不明的此刻，他一定会这么说。如果你因此而做对了事，不和别人一起失败，也许有一天巴菲特真的会投资你的公司。

传承之道

《商业周刊》专访过台积电董事长张忠谋和联想集团创办人柳传志,谈的都是"传承"。

这两位都是我佩服的创业家,都靠专业、领导和威望而非股权,开创了典范型的企业。2012年,张忠谋任命了三位助手出任"共同首席运营官";柳传志则通过努力,安排第二代领导人拥有股权。他们共同的期望是在人生最后的阶段,能因"后继有人"而心安。

柳传志甚至为此创造了一个新名词:没有家族的家族企业,他希望通过股权的设计,让接班人自然产生"主人心态",能兼顾企业的长远战略发展。

对这两位企业家前辈的良苦用心,我只能佩服,不敢妄加议论。事实上,现今长线投资最成功的巴菲特,因为深谙人性,所以一向重视企业制度的设计,必须让贡献最大的人得到最多的回报。

但我一位朋友,靠巴菲特心法而成功致富,最近却提出疑问。他说,靠"利"作为主要驱动力的机制,最终只能培养出最"重利"的接班人。从长远角度来看,这里面有两大问题:其一,要在"私"和"公"、"长"和"短"上,永远把"利"摆平,基本上不可能;其二,就算真能设计出这种制度,也不过是驱使企业不断追逐"最大利益"。在未来的世界,这样的企业未必能被人接受，也未必能长长久久。

这位朋友正值壮年，最近决心为理想二度创业，想要打造一项永远不离"初衷"并且生生不息的事业。他说，最重要的是让有能力的人得到应有的回馈，但是主导事业方向的权力却只能"有德者居之"。为此，他正实验一种"双轨"的游戏规则，在执行层次上，用"共利"来统合公与私；在主导层次上，只有"无私"者才能居其位。

在我看来，这位朋友的大愿颇吻合中华文化的"道统"观念。孔子对子贡说"尔爱其羊，我爱其礼"（《论语·八佾篇》），孟子对梁惠王说"王何必曰利"（《孟子·梁惠王章句上》），都指出是"道"，而非"利"，才是传承的重中之重。

中国的禅宗能开枝散叶，法脉绵延不绝，也是基于其传承以"明心见性"为本，不强调聪慧有能。禅宗对传承最深刻的理解是，师父不把"接班人"留在身边，鼓励（甚至强迫）他们出去跑江湖，自立门户，因为留在师父身边的弟子不可能超越师父，不超越师父则无以传承。

张忠谋在访问中说，近三十年全球首席执行官的平均任期越来越短，从过去的十年降至如今的五年，这或许也说明了当今世界的企业越来越近于"利"，而远于"道"。因为企业只逐利，寿命自然会越来越短，传道才可以让企业越来越长寿。

真正关心企业传承的人，岂可仅重利而不重道？

向禅宗五祖学"交班"

企业经营环境变化越大,越显得人才重要,尤其是"不器"的人才,足以担当在巨变环境中求发展重任的人才。有关接班人,我认为最经典的案例,是禅宗五祖弘忍传承衣钵给六祖慧能的故事。这个故事虽流传甚广,但仍简述于下。

慧能自幼家贫失学,以砍柴为生,偶然听人诵经,"心即开悟",打听到经从五祖弘忍处来,立即抛开一切前去求法。五祖一见慧能,即知其"根性大利",留他在"糟场"干粗活,告以"恐有恶人害汝,遂不与汝言"。其后阴错阳差,不识字的慧能竟然作出"何处惹尘埃"之名偈。五祖认为事不宜迟,乃夜里三更传法并授以衣钵,亲自送他渡江远去,嘱咐他隐于山林。

十五年后,慧能出山,由印宗法师为他剃度,反拜慧能为师。自此禅宗在慧能手上开枝散叶、大放异彩,历久不衰。

这样的"交班"故事,是现代企业主能想象的吗?它能带来什么启发?

首先,这个故事最美的部分,是五祖其实根本没"教"六祖什么,他所做的,只是认出他、信任他、托付他、保护他,如此而已,即成就了世间最伟大的传承。

在慧能见弘忍之时,弘忍门下弟子已有千余人,其中不乏博学多识、德高望重的佛门之士(如大弟子神秀等)。这些弟子皆经弘忍多年辛苦调教,但他知道其中无一能开悟而成大器者。弘忍认为只有"根性"才是传承的要件,其余如学问、才艺、名望皆无足轻重,"大利根者"一人可抵千军万马。弘忍这样的见识,如今几人能有?

其次,弘忍如此选择接班人,可谓大不利己身。他不仅否定了自己多年教化的成果,也必然对原有体制造成了大冲击。慧能得衣钵远去后,弘忍面对千余名弟子,宣布"接班人"是位目不识丁的小子,而且已不知去向。他无惧于自己经营一生的道场毁于一旦,也不顾自己余生无人侍奉,这样的"无我"胸怀,如今又有几人能做到?

还有,弘忍洞察世事,深知慧能留在原有体制中必遭伤害,难成大器,故而不传他道场,不授他门人弟子,甚至不让他打着门户旗号,只授予衣钵,然后叫他远扬隐遁,还嘱咐他"衣为争端,止汝勿传"。终弘忍一生,他未再见过这位嫡传弟子,但慧能却把禅宗发扬光大,也让这位千古名师流传青史。这样的胆识,如今何处得见?

当然,这则禅宗传承的故事,并非当今企业可以依样画葫芦的样本,但它值得深思之处甚多:选择接班人的要义为何?企业最值得传承的究竟是什么?接班人培养的法则何在?交班人的胸怀与胆识从何而出?

在这个故事里,我所看到的是,传承这件大事超越了一切规矩,不是可以用"脑"办到的,必须用"心"才行,唯有用"心",才能"以心传心"。值得一问的是,芸芸众生,有几人能"用心"胜于"用脑"?

摆地摊，跑江湖

全世界的领导者都在提着灯笼找一流人才，所有的上班族也都希望自己能成为一流人才。为什么一流人才这么稀有？有没有办法辨识或培养一流人才？

第一个问题，我认为管理大师吉姆·柯林斯（Jim Collins）在《从优秀到卓越》一书中说得最好，他所推崇的"第五级领导人"必须兼具"谦虚"和"意志力"两种矛盾的特质，一定程度上说明了为什么一流人才难寻。

至于什么样的经历才能让人谦虚与坚毅兼备，几乎没人能讲清楚。我有一位高人朋友最近一语点破：必须摆过地摊，并且跑过江湖。我仔细琢磨，深感大有学问。

何谓摆地摊？就是专注做一件事，长期不懈地做，越做越好，做到别人都赶不上。有这样经历的人，没有意志力是不可能的。中国古代师傅收徒弟，必然先让他去做简单、粗重、无聊、卑下之事，然后观察他是否仍然甘之如饴，以定其"孺子可教否"，其理正在于此。

摆地摊必须长期专注，这就是"戒"，戒久了自然生"定"，把自我缩小放下，如此"慧"才能油然而生。禅宗六祖见五祖，五祖叫他去捣米，捣了半年才去看他，六祖说："弟子心中常生智慧。"捣米捣出智慧，这就是地摊摆出了境界，孺子可教了。

何谓跑江湖？就是出门见百种人，要别人点头认同，才能成事。要人点的头越难，得到认同的人越多，就表示江湖跑得越到位。跑江湖的人看众生相，要体察别人的需求，还要修忍辱的功夫，能不谦虚吗？人一旦既见多识广，又能弯下腰来，格局自然就出来了。

一个人若既摆过地摊，又跑过江湖，境界与格局兼备，自然又谦虚，又有意志力，便可成为柯林斯所称的"第五级领导人"。

企业若要培养接班人，不妨先检视哪些工作最像摆地摊，哪些工作最像跑江湖，然后叫地摊摆得最好的去跑江湖，叫江湖跑得最好的来摆地摊，再把两者都做得最好的储备为接班人。这样做，准没错。

年轻人在事业锻炼上也可以此为准，勉强自己把摆地摊或跑江湖的事做到别人都赶不上的程度，然后换一种再试一次。如果能在四十五岁以前把这两件事都做到比别人强，肯定是万里挑一的"千里马"，不怕没伯乐提着灯笼来找了。

其实不仅是事业，人生也一样。那些最终能无憾而得圆满者，多半都是摆地摊和跑江湖的双料状元。

玩真的，一定成

如同政治难免"必要之恶"，许多人也认为企业为了追求成长、获利，有许多"不得不"。我听过一则发人深省的故事，完全打破了众人的疑惑。

一位经营连锁服务业的朋友，多年前经历了一场人生学习之旅后，看到自己虽然事业有成，也创造了数以千计的就业机会，但是员工并不快乐，自己和家人也不开心。

他决心暂停事业的扩张，把照顾员工视为第一优先任务。

做此决定后，他要求所有店长从今以后忘掉销售工作，把员工照顾好，把顾客服务好，这是他们的唯一职责。接下来，他大量撤销公司内的防弊措施，要求主管以完全的信任带领员工，要求员工以完全的信任对待顾客，一切损失由公司承担。

这么做了之后，公司当年没开一家新店，但营业额却增长了一倍，后来在员工的要求下，才再度开始扩张。如今他的事业版图已经扩大了许多倍，员工犹如一家人，顾客忠诚度大幅提升。他自己每天开心地上班，还有大量空闲时间做自己喜欢的事。回顾发生的一切，他说：不可思议！

许多人一定也觉得不可思议。因为大部分人多多少少都曾经试过，把一些立意良善的做法导入职场，结果却不如预期。经历过挫折，最后下结论：人心不可恃，做事还是要"务实"，必要之恶不可免！

我当然也见过不少失败案例，而且失败得很不服气，因为他们不仅立意良善，而且做法严谨，无懈可击。那么，到底是什么因素导致这些"好人好事"为德不卒？如果他们问我，我只问他们一个问题：你到底是玩真的还是玩假的？

既然失败案例多于成功案例，当然是玩假的居多。有些人得了利，开始要名，叫作"得了便宜还卖乖"。头脑作祟，开始使用些沽名钓誉的做法，虚晃一招，自是不值一提。

也有些人自以为是玩真的，但决心不够，甚至产生副作用就开始打退堂鼓，最后不了了之，还会安慰自己：至少我试过了。

还有些人更特别，不但玩真的，并且有决心，结果还是不成。这样的案例最叫人沮丧，并且百思不得其解。其实答案很简单：这样的状况，多半是主事者迷信游戏规则，迷信投入资源，迷信指挥系统……忘了要用心，要以身作则。

像我那位"不可思议"的朋友，他在推行新政前夕充满了惭愧之心，含泪"痛改前非"，决心从自己做起，身、口、意一致，根本没想到结果会如何。

要做到这个程度才叫玩真的，其结果才会不可思议。

我的结论是：玩真的，一定成；还不成，必然是"不够真"。

"真"有效能

有朋友认为，我把"真"说得太神奇了，好像只要真，就万事如意。我也觉得应该进一步解释一下。

其实我是久"病"成医。有一天，我突然发现自己活得如此之假，假到人生乏味。于是认真反省一番，我看到自己大半生所想、所说、所做、所感经常是不一致的，而这正是"苦"和"累"的来源。因为只要一假，就一定对自己不满意，就乐不起来；只要一假，就必须得"装"，装久了不累才怪。

我还看到，凡不真的时候，都"事虚""行浅"，做事根本没力道，弄不出什么名堂。若是还把假事真做，用力硬撑，结果一定是自己不舒服，周围还会人仰马翻，日久必然弄出烂摊子，收拾个没完没了。

再仔细对照，我确认凡有好结果、生生不息、没有副作用、回忆起来会笑的事情都只有一个原因，就是事发当时，我的所想、所说、所做、所感完全一致，是玩真的，反之亦然，毫无例外。

看到了这些，我才恍然大悟，原来"真"是宇宙效能的极致，有真才有"功"，无真顶多造业而已。

为什么"真"会产生这么大的效能？首先，因为它节能。我们一般人因身、口、意不一，内耗的生命能量极为巨大，能用来成事的所余能量不足。而且当一群人在一起时，"真"能诱发"真"，"假"会招来"假"。可想而知，一群假人相互消耗能量的组织，还能做出什么好事？

就我粗浅观察，一般组织之下焉者，消耗的能量可以高达百分之九十，消耗百分之五十以下者即可称为上焉者。不难推想，若组织里每个人的内耗减少，组织内人际的互耗减少，组织与外部接触的消耗减少，其效能将以何等倍数提升？

其次，"假"是"耗能大户"，导致个人和组织动力不足，当然完成目标的概率和深度都会降低。就算机遇好或本钱够，勉强达到目标，持续力也必然不足；就算费力维持，当遇到重大考验或挑战时，也必定力不够。总而言之，就是最后算总账，把代价、副作用和成果加加减减，结论一定是：不值得！换言之，一件事若不够真，根本就不值得做，不如别开始。

这么说来，"真"还有一大好处，就是让你不至于瞎忙，让你把人生最宝贵的资源——时间，配置到它该去的地方。单此一项，就值了。

如果你觉得自己很忙、很累、很苦、很吃力不讨好，很可能你活假了还不知道。仔细检查一下自己正在做的事，有几件是从内心深处出发，所想、所感、所说、所做全然一致的？如果不少，恭贺你；如果不多，辛苦你了，是该改变的时候了。

顺便提醒一下，率性、任性、目中无人和"只要我喜欢，有什么不可以"等都不是"真"，千万别弄错了。

最高效能的学习

企业讲究效能,因此重视学习,但最高效能的学习到底是什么?到底该如何学?

曾有缘和麻省理工学院的学者奥托·夏莫(Otto Scharmer)见面,我们两人在组织学习上有一番对话。奥托曾参与彼得·圣吉的《第五项修炼》的撰写,又自己提出了体系严谨的U型理论,算是这个领域的大师级人物。

由于奥托曾和圣吉一起请教过南怀瑾大师,我们对话的主题自然围绕在东西方学习的比较上。

奥托的U型理论建立了一套组织流程,试图把东方修行的元素融入现代组织中,因此在流程中,随处可见诸如内在觉知、集体沉静、感知、打开心门等字眼。

一个西方学者能如此推崇并努力将东方修行元素融入现代组织,当然令人敬佩。但我觉得,这样的流程,参与者必须有一定的觉性,并在有觉察的环境中进行,否则效果必会大打折扣。

我对奥托说,东方学习的传统是"跟师父",而且不是跟"经师",是跟"人师"。只要是人师,必能形成好环境,让人在环境中自然变好。人的心性好了,事就会自然解决或消失。

我跟奥托说,这一套人师系统可以绵延数千年不绝,当然是极高的效能。而且人师施教,虽然仍有次第,但永远是针对此时、此地、此人身上所发生的,直接对症下药,也叫作"如实"。凡根据发生在他时、他地、他人身上的经历而提炼出来的理论、观念、方法和技巧，都不可能比"如实"效能更高。而一个人要能如实"安住当下"，必有极高修行；能做到的人，也只有人师。

我甚至举例说，中国禅宗高人辈出，而禅宗修行，讲究当头棒喝。用大白话来说，就是打骂教育。能用打骂教育培养出一代宗师，师父绝对是人师，人师是绝不拘泥于方法的。

听我说到这里，奥托虽然修养极高，但终于按捺不住，开始陈述 U 型理论的实证效果……接着有了一番辩论，索性最后彼此都参考了对方的观点。结论是：U 型理论很有用，但若要有大用，领导者必须自己"带头修"，以身作则，成为人师。

"喜欢"的威力

朋友最近和我分享了一则故事：

他当年名校毕业后，在纽约申请进一家顶级投资银行，经过一关关面试流程后，银行领导居然请他到私人俱乐部共进晚餐，天南地北聊到欲罢不能，第二天他就接到了聘书。

事后他才知道，几乎所有同事进公司前都一对一地和领导吃过饭，如果吃饭时间没超过两个小时，就不会接到聘书。原因是，领导认为，未来这些同事都会代表公司接触客户，如果连跟领导吃饭都让他索然无味，绝对不可能赢得客户的心，也不可能为公司带来好生意。

这位朋友觉得他领导的做法很高明，日后也如法炮制，选择工作伙伴的前提，是对方一定要让他很有"感觉"。他也一直做得很成功。

这则故事让我想起，东元集团前董事长黄茂雄到《商业周刊》编辑部演讲时，提到他年轻时父辈的耳提面命：和别人合伙做生意，一定要找打从心底"喜欢"的人，如果生意做得好，比较能长长久久；如果生意没做成，也心甘情愿。黄茂雄说，他奉行父辈的叮咛，深感受益无穷。

这两个故事，一个在美国，一个在中国台湾，讲述着企业经营对内、对外的传承奥秘，居然都是最简单的两个字：喜欢！我猜想，那位美国银行的领导能成功经营一家投资银行，黄茂雄当年被父辈选择成为接班人，重要的原因之一也都是他们"被喜欢"吧。

这实在是件很诡异的事，一般人都认为企业经营的目的是追求最大利润，坊间所有教科书也都在谈方法、策略，但背后真正决定最终胜负的居然是"喜欢"。

我倒觉得这一点也不奇怪，其实人和人之间能互相"喜欢"，背后已经述说了无尽的奥秘和缘分，所以我们才说四处受欢迎的人"人缘好"。人缘好是一种正面能量，如果企业里充斥着人缘好的员工，企业的能量也一定是正向的。

再说得功利点，一个企业若能真正让员工发自内心地喜欢，就不怕竞争者高薪挖墙脚；如果所产出的商品或服务能真让客户喜欢，就不必担心价格竞争。企业首席执行官的位子要坐得稳，得到董事会和员工共同的喜欢，也是不可或缺的要素。企业主若能把企业经营到"众生欢喜"，那又是何等境界？

人总是爱追求复杂的事，专家总爱说人听不懂、行不通的道理，但能使企业生生不息的大道其实是最简单的。企业经营之道，"欢喜"而已！经营者最重要的修炼，就是让自己成为"令人欢喜"之人！

企业要修"简单"

经营环境越来越不可测,企业的安身立命之道为何?我的答案只有两个字:简单!

我对这两个字的体会来自多年前的经验。当时公司里有一位重要主管,经常私下找我汇报工作,内容不外乎他所管辖部门里出现了多少"疑难杂症",他如何使尽浑身解数一一处理,最后终于化解了可能爆发的危机云云。每次听他说完,我都觉得自己的公司快垮了,还好有他这样的主管在撑着。

后来,我慢慢地觉悟,有些人就是会把事情越弄越复杂,复杂到非他不可。这是一种习性,一种很难戒掉的习性。一个公司里,如果这样的人很多,公司经营难度也会越来越高,高到必须有"特异功能"才能走下去。

我还看到,会把事情越做越难的人,通常有几种状况:一是没能力,又怕被识破,所以不断释放烟幕弹;二是虽有能力,但缺乏安全感,因此经常制造障碍,防堵竞争者;三是自我膨胀,喜欢"特技表演",以赢得掌声;四是用脑过度,不相信别人,经常为防弊而把事弄复杂。一言以蔽之,是人"不简单",所以把环境弄复杂。

感谢那位同事,让我有机会看到"复杂"对组织的危害,让我有机会看到自己原来也"不简单",让我开始致力于打造简单的组织环境,最后受益无穷。

因为有了这番经历，所以我能很清楚地看到，许多企业经营得很辛苦，转型转不过来，遇到危机焦头烂额，都是因为组织内部环境太复杂、太不简单的缘故。企业若能简单，就会身轻如燕、动力十足、适应力强、可长可久。简单，实为企业至宝，却难求难得。

难在哪里？难在人不简单。一群人在一起，很容易把彼此弄得更不简单。尤其重要却很难避免的是经营者自己"不简单"。

简单是一种修炼，越是面对复杂情境的人，这种修炼就越有必要。但若修炼得宜，过程其实充满了喜悦，因为人的本性和本心始终都是简单的。修简单，是找回真我，重返赤子之心，岂有不乐之理？

在组织里挑选人才，要看那个人总是把事情越做越简单，还是越做越难。想知道自己的事业能否基业长青，也只要问自己，能否把经营者的角色越做越简单。

人的内外是相通的。简单的人，会把环境弄简单；复杂的人，会把环境弄复杂。如此而已，够简单吧！

成功恐惧症候群

最近有人问我，成功的公司是否"心念"一定很正面，不需要再时时检视？

好问题！我的经验是，一个公司能够成功，一定有正向的心念在引导，但成功的本身却可能诱发另一组负向的心念，一不留神，就可能泛滥成灾。

一般而言，失败的组织最容易滋生"逃避"的负面心念；成功的组织，则容易滋生"恐惧"的负面心念。因失败而逃避，容易体察；因成功而恐惧，却细微难辨。所以"转败为胜"易，"持盈保泰"难，后者所要求的境界比前者更高。

为什么成功会带来恐惧？恐惧什么？显而易见，是恐惧"失去"，恐惧无法"更上一层楼"，尤其是那些虽然成功却不明白为什么成功的组织，更容易患上"恐惧症候群"。

《秘密》这本书里，很精准地说明有些人为什么发财，然后又千金散尽。因为当他们贫困时，一心想致富，当致富终于成为其中心思想时，就"吸引"了财富来到眼前；致富之后，他们开始担心失去财富，最后恐惧"失去"变成了中心思想，于是导致千金散尽的结果。

成功所造成的恐惧，很难被觉察，因为成功就像一面魔镜，所有的影像都在其中被自动美化，让人眼花缭乱，看不清真正的自己。大家不是说"成功自己会说话"吗？不但会说话，而且说话很大声，掩盖了其他所有声音。

除此之外，因成功而生的恐惧很善于伪装变形。表面上，它看起来像自信（其实是心虚），像深重（其实是保守），像笃定（其实是迷惘），而恐惧隐藏于其后。

如果你在公司里反思某个问题时，经常听到有人说："如果有问题，我们怎么可能做到这样的成绩？"在研究某种新做法时，经常听到有人说："如果真要这么做，我们原来的业绩怎么办？"在设定未来目标时，经常听到有人说："我们已经超越对手那么多，成长的空间在哪里？"那么必须注意，你的公司可能患上了"高处不胜寒症候群"。

我不是说这些说法没道理，而是说这些说法背后反映的"心念"是恐惧。未来的成长在心中，心有恐惧，不会成长；心有恐惧，终将沦丧。

治疗"成功病"，理论很多，我觉得最直接的还是"心病终需心药医"。既然病因成功而起，那么就假设我们没成功，假设我们仍然一无所有，在"心念"上归零。

一无所有，其实是一种很棒的感觉。没有什么可以失去，因此什么都不怕。从零的起点上向前行，每一时的成果都如此的甜美。是不是很久都没有这样的滋味了？大家不妨一起尝尝。

为什么成功和失败一样，都布满陷阱？因为人生本是一所大学校，成功和失败都是一门课。重点不在于成败本身，而在于你从中学到了什么。因为"成功"这一课比"失败"难度高，过关后得到的学分也更多。既然大家都入学了，不上课也挺无聊的，不是吗？

追求极致价值

油电混合汽车自推出市场以来，就成为注目焦点，所有高档车大厂无不全力以赴。这个现象不仅预言了汽车市场未来的走向，其实也预言了所有市场未来的趋势。

想想看，油电混合汽车推出之初，价格比同款车贵，性能比同款车差，却能独占未来高档车鳌头，难道仅仅是为了省油兼省钱？当然不是，人尽皆知，背后主要的理由是：形象。因为人们的价值观变了，未来的汽车无论如何酷、如何炫，只要是高耗能，车主的形象就好不到哪去。越有钱的人，越在乎形象，买名车除了享受，最主要的还是要提升形象，这就是油电混合汽车高档先行的原因。

"形象消费"这一说法当然只是表面，更深层的转变是"价值观消费"或"价值观不消费"。《友爱的公司》一书指出，网络化和熟龄化两大趋势，将导致人类文明价值发生巨变，其影响将无所不在。我的看法是，除了网络化和熟龄化，"人需总量"（人口数加需求量）和"自然供给"间的严重失衡，也是价值观巨变的重要原因。

总而言之，二十一世纪的人在反思"可持续幸福之道"的过程中，价值观的巨变是每时每刻都在发生的，而且其影响面是超越一切的。因此，从企业的角度看，未来的大危机和大商机都潜藏在价值观的变迁中。

在经营实务方面，这种趋势意味着什么？它意味着企业不能再追求极致利润，而必须追求极致价值，否则不仅找不到商机，还必然危机四伏。套用管理学上常提的：做对的事，把事做对，孰重？所谓追求极致价值就是把"做对的事"供在企业神殿的至高处，每时每刻都要膜拜，一丝一毫都不打折扣，分分秒秒都要重新确认，稍有触犯就立即忏悔并改正。

要培养这样的企业文化，先要假设公司内所有进行中的大事"都不一定对"、"不一定全对"或"不一定一直对"，然后把未来至少数十年"一定对"的事找出来，一旦确认，就要不惜代价立即动手去做，即使一时没法子"把事做对"也没关系。因为未来的客户有可能原谅你"没把事做对"，但绝不可能接受你"做不对的事"。

因此，关注并预测所属领域未来价值观的走向，将是企业不可回避的要务，最好是全体员工都用心于此，要不然，我建议设专人直接向首席执行官报告。

正如所有的新生事物一样，价值观巨变也是一把双刃剑。任何企业只要成功打造出追求"极致价值"的文化，未来就是属于你的。

组织的"秘密"

我曾不小心答应了一个机构去演讲,那个机构的任务和属性与我自己所管理的事业完全风马牛不相及。我到底有什么可说的呢?这让我相当烦恼。

然后,一本书的名字突然浮现在我眼前——《秘密》。这本书刚出版时,我就买来读了,读得很有感觉,也买了些送给同事。但直到最近,我才猛然发现,其实我们自己的公司正是《秘密》这本书所讲述的最佳见证。

《商业周刊》创办前七年,公司运营陷入低潮,只能用"一无是处"形容,压力之大,可想而知。当时我里里外外团团转,却发现所作所为尽是虚工,完全看不到成果。身处此境,难免"心无所住",一方面开始逃避现实,另一方面又时常"一心以为有鸿鹄将至",算是准躁郁症患者一名。

有一天,在一场检讨会中,我有感而发,对同事们说:"我们创办事业,把股东的钱赔了,把同事的青春误了,印了一堆没人看的杂志,白砍了不知多少棵树,实在对不起地球。你们帮我想想,如果确定我们自己是'负面事物',不惜身败名裂,也要把公司结束。"

说完这番悲壮之语,没吓着别人,倒把自己吓到了。我真的可以把公司关了吗?如果真能就这么关了,岂非天下太平?想着想着,就"心无挂碍,无有恐惧"起来。

了解到一切错误的源头是自己，了解到一切错误应该由自己终结，我反而如释重负。心想，反正整日在公司穷忙也无济于事，不如安静地把问题理清楚，于是就抛开一切到庙里修行去了。

寺庙的圣严法师慈悲可亲，让人如沐春风；唯觉老和尚法相庄严，时常当头棒喝。我印象最深刻的是老和尚说："你们芸芸众生，放眼望去，只有两种境界，不是妄想就是昏沉，不是昏沉就是妄想。"修行七天，才明白老和尚说的是实在话。

重回公司上班后，我不再焦虑，不再生气，不再想公司何时转亏为盈，不再问同事为什么没有完成目标。我只要每天在公司里做一两件"好事"就满心欢喜，我改口问同事们最喜欢做什么、做什么最有成就感。

就这样，我释放了自己，也释放了与我一起工作的同事。然后，我发现大家工作时的表情变了，办公室里的笑声多了，编出的杂志有感觉了，读者也开始有反应了。从那时到现在，所有数字都翻了几十倍，完全始料未及。

如今回想，在《商业周刊》转败为胜之前，我们因为犯了太多的错误，累积了太多的失败，导致整个组织气氛被扭曲，同事彼此互相增强负面态度，最后人人都讨厌自己、讨厌彼此，不相信自己会做对事，也不相信公司的困境能扭转。可想而知，这样的一个组织陷入了恶性循环，毫无前途可言。

最后造成一切改变的，是居上位者通过"放空"，转化了自己的心念，由负面到正面，然后感染、扩散到大多数的同事，于是奇迹就不知不觉地发生了。回忆这段历史，简直就像按部就班、一五一十地实践着《秘密》这本书里所说的原理。

自己公司里所经历的这一段，而且是由自己带头的，我居然花了十余年时间才弄明白。想到这一层，我才知道人的"分别心"有多顽强。一般人在探索个人成长时所领悟的道理，总不自觉地画地自限。等大家要探讨组织问题时，又大费周章地去研究另外一套。组织是由一群人构成的，适用于个人成长的每一项原理，必然也适用于组织发展。这么浅显的道理，多数人却习惯于用"分别心"来对待。人的习性之重，可见一斑。

想明白了这一点，我就开开心心去那个陌生机构演讲了。我心想，不都是人吗？一个人，一堆人，一群人，不管聚在一起干什么，总离不开"心念"这个主宰一切的中枢。我发现组织的秘密就是：境随心转，心想事成！

后记

重返童年

　　大约是五岁的某一天下午，我从幼儿园放学回家，戴着一顶大草帽走在马路上。天开始下雨，我因为心情愉悦，仍然哼着歌慢悠悠地散步，雨越下越大，帽檐开始滴下成串的水珠，全身湿透，路人皆躲在屋檐下避雨，我却傻傻地漫步街头。这时有两位路人撑伞与我擦身而过，大概是我的模样太滑稽，惹得他们指着我讪笑不止。我很清楚地记得当时心中闪过的念头："我是上帝派到世间的，这两位嘲笑我的路人是上帝派来考验我的，就是为了想看看，碰到这种事我会有什么反应，会学到什么。"既然他们假装不知道我是谁，我也不拆穿他们，一面继续我的雨中漫步，一面暗自得意自己通过了考验。

　　这是我记得的幼年时期的少数画面之一。

　　当时五岁的我，家里没人信教，也不知道上帝是什么。如今的我猜想，那大概就是"天人合一"的状态，是生命原本就"见山是山"的状态。在这种状态中，愉悦不需理由，对生命完全信任，对自己和一切充满了爱，感谢所有发生的事，以全然的状态活在当下,并从中经历人生、增长智慧。

五岁之后,滚入红尘,见山越来越不是山,经过了半个世纪,才重新踏上"见山是山"的旅程。重新回忆起这段情景,看到真实的自己原来是这样!这个过程说是"返老还童"也不夸张,我因而明白了老子说"能如婴儿乎"是什么意思。

以出生来说,我呱呱落地就是空军士官的遗腹子,母亲才十八岁就成了寡母,无亲无故,目不识丁,只能把我寄养在隔壁老太太家,自己到离家甚远的纺织厂做女工。像我这样背景的小孩,有几人能念大学,能赴美留学,还能创办一份台湾发行量最大的杂志?这样的人生,简直就像中了头奖。

但我的人生真的是中了头奖吗?当然不是。直到中年以后,我经过不断梳理,回到自己童年,才看到当时年轻守寡的母亲,对她自己的人生充满挫折迷惘,对嗷嗷待哺的儿子的未来充满担忧惧怕,冒着失去儿子的爱的风险,用棍棒严教我这叛逆不受教的小孩。这一切的一切,就是怕我的人生变得和她一样。我也看到了,当年那个懵懂不受教的我,感受不到母亲严教背后的爱,咬着牙发誓一定要出人头地、挣脱桎梏,要活出和母亲不一样的人生,让她吓一跳。

我还看到自己所有的能耐都来自母亲在幼年时期的对待。我说故事(写文章)的能力,来自无数遍听她诉说自己苦难的人生;我做事的能力,来自她带着我做所有的家事,并且一定要做到和她一模一样;我设身处地了解别人的能力,来自我必须早熟地了解她,才能趋吉避凶走过童年;我独立承担自己人生的能力,来自她不断地"提醒"我人生无可依恃;我面对苦、面对难的能力,来自她从不妥协的要求。我的叛逆，不服权威，我的勤奋向学、追求知识，我的不循轨道又不敢脱轨的习性，一切的一切，都来自母亲。

我过去自以为是孙悟空，敢大闹天宫，结果却翻不出"如来佛"的手掌心；原来大字不识一箩筐的母亲，才是我此生唯一的大师父。这件事，我居然过了五十几年才搞明白。

我还看到过去身上的很多习性，是少年时期对母亲叛逆所留下的后遗症。正因为我没接收到母亲严教背后的爱，导致我成年后也无法自在接受异性的爱；正因为我少年时期一直想要挣脱母亲的管束，导致我日后成为一个不断逃家的男人，连自己组成的家也想逃。

简单说，我的灵魂深处一直回不了家，最后结了三次婚，其源头就是因为没有圆满和母亲的关系。

如今的我，通过不断地修炼，生命产生变化，每过一段时期回头看到的童年都完全不同。如今我看到的童年已经一切圆满，完整收到母亲的爱，也对母亲付出了在她生前我一直未能付出的爱。

我甚至重新记起早被遗忘的一个场景：大约三岁的我，清晨被（寄养家庭的）婆婆叫起，床前站着一位身穿碎花裙的陌生年轻阿姨。婆婆要我叫她妈，我叫不出口，她把我抱起来亲，让我很尴尬，然后她把我背在背上弯着腰刷牙（应该是她从桃园工厂坐了整夜火车到高雄看我的缘故），我双手揽住她的脖子，脸贴在她背上，闻到阵阵香气（应该是花露水），心中充满了爱的感觉，真想永远这样下去。

这是被我遗忘多年，终于重新"出土"的对母亲最初的记忆。一切都是那样圆满，原来如此，始终如此。而自从我通过修炼，转动心念，重新圆满了母子关系后，我在情感方面的执着和恐惧也日渐消退。

这样的体验，让我了解到许多经典上所说的过去、现在、未来皆在一念之间；一念之转，能让过去的记忆不同，现在的感受不同，未来的命运也不同。你那一念生成什么样，你当下的生命就活成什么样，你的命运也会呈现什么样。个性能化，心念能转，连过去的遗憾都可再度圆满，何况未来的命运呢？人生哪有比"学怎么活"更重要的事？